感谢浙江大学碳中和研究院、
白马湖实验室、浙江大学金华研究院对本书出版资助

浙江大学中国科教战略研究院

| 启真智库 |

启真论“碳”

DISCUSSIONS ON “CARBON”
FROM QIZHEN THINK TANK

吴　伟　李拓宇◎编

ZHEJIANG UNIVERSITY PRESS
浙江大学出版社
·杭州·

图书在版编目（CIP）数据

启真论“碳”/吴伟，李拓宇编．—杭州：浙江大学出版社，2022.8
ISBN 978-7-308-22867-1

Ⅰ．①启… Ⅱ．①吴… ②李… Ⅲ．①二氧化碳—节能减排—文集 Ⅳ．①X511-53

中国版本图书馆 CIP 数据核字（2022）第 133676 号

启真论“碳”

吴　伟　李拓宇　编

责任编辑　李海燕
责任校对　董雯兰
封面设计　雷建军
出版发行　浙江大学出版社
（杭州市天目山路 148 号　邮政编码 310007）
（网址：http://www.zjupress.com）
排　　版　杭州好友排版工作室
印　　刷　杭州宏雅印刷有限公司
开　　本　710mm×1000mm　1/16
印　　张　10
字　　数　134 千
版 印 次　2022 年 8 月第 1 版　2022 年 8 月第 1 次印刷
书　　号　ISBN 978-7-308-22867-1
定　　价　68.00 元

序

气候变化是当今世界面临的最严峻的非传统安全问题之一，严重威胁人类生存和社会可持续发展。工业革命以来，人类的活动冲击了原有碳循环系统中碳源和碳汇的平衡，化石能源的使用导致大气中二氧化碳浓度快速上升，引发温室效应，带来地球变暖、极端天气事件频发。仅2021年，全球已经历近200场极端天气，北极圈附近城市也出现超过30℃的高温，冰川大量融化，并可能释放被冰封了数万年的微生物和病毒。按照政府间气候变化组织(IPCC)的预测，到2100年全球平均温度将比工业革命之前高1.5～4.8℃，海平面将上升0.6～0.8米，造成不可逆转的全球性灾难。

2016年4月22日，全球175个国家在美国纽约签署《巴黎协定》，设定了21世纪后半叶实现净零排放的目标。随后，世界各国相继做出政治承诺将其转化为国家战略，其中不少国家还设定了碳中和的时间表和路线图。2020年，欧盟宣布绝对减排目标：2030年，欧盟的温室气体排放量将比1990年至少减少55%，到2050年，欧洲将成为世界第一个“碳中和”的大陆。“能源与气候情报组”(Energy & Climate Intelligence Unit)的《全球提出“零碳”或“碳中和”的气候目标的国家和地区》报告显示，截至2021年，已有137个国家和地区提出了“零碳”或“碳中和”的气候目标。

中国已是全球温室气体排放第一大国，历史累计CO_2排放量位列全球第二，仅次于美国。因此，中国在全球碳减排方面所作的贡献，将对全球温升幅度控制在科学预估的1.5℃～2℃之内目标的实现起到重要作用。

2020 年 9 月 22 日，习近平主席在第七十五届联合国大会上郑重提出中国碳减排两阶段目标：力争于 2030 年前达到峰值，努力争取 2060 年前实现碳中和。这彰显了中国积极应对气候变化、参与全球治理、推动构建人类命运共同体的坚定决心。在后疫情时代全球经济复苏的关键时期，构建碳中和目标更是中国实现可持续发展、推动生态文明建设的战略指引和重要机遇。相较于欧洲和日韩等发达国家，中国确立的碳中和时点相对稍晚，但综合考虑国家发展阶段、经济规模以及从碳达峰到碳中和的时间间隔，我们面临的减排任务无疑比其他国家更加紧迫和艰巨。

“双碳”进程涉及经济社会运行的方方面面，也必然是一个长期的实践探索过程，其中有许多“软”政策缺口和“硬”技术瓶颈，亟须开展战略研究和政策设计。《启真论“碳”》一书汇集了浙江大学相关研究团队近两年所做相关战略研究的精华内容，包括背景趋势、重大技术领域、社会治理等板块，其中所提的建议具有很好的针对性、操作性和战略性，对破除体制性障碍、打通机制性梗阻、推动政策性创新、加速技术性突破等具有重要参考价值。

相信本书的出版，可以帮助政策制定者、管理服务人员、战略研究人员和行业一线从业者更好地理解“双碳”目标的内涵与外延，鼓励更多利益相关者在创新中谋发展、于变局中开新局，在中国实现“双碳”目标的时代浪潮中再立新功。

是为序。

中国工程院院士，浙江大学能源工程学院院长　高　翔

2022 年 3 月

目　录

绪论 …………………………………………………………………… 1

第 1 篇　把牢能源安全底线仍要加强煤炭清洁低碳利用 ……………… 8

浙江大学能源工程学院　高翔等

一、煤炭清洁低碳利用是我国能源转型发展的基本立足点 ……… 9

二、我国煤炭清洁低碳利用现状及面临的主要问题 ……………… 12

三、相关对策建议 …………………………………………………… 14

第 2 篇　海洋 CO_2 地质封存(CCUS)技术创新与工程示范 …………… 17

浙江大学建筑工程学院　王立忠等

一、海洋 CO_2 地质封存对实现碳中和目标意义重大 …………… 18

二、海洋 CO_2 地质封存是实现碳中和的关键途径之一 ………… 19

三、我国海洋 CO_2 地质封存技术主要挑战 ……………………… 22

四、加快 CO_2 地质封存技术创新并建立相关示范工程 ………… 25

第 3 篇　浙江省海洋碳减排的发展潜力与对策 ……………………… 27

浙江大学海洋学院　叶观琼

一、应对全球气候变化必须挖掘海洋潜力 ………………………… 28

二、浙江海洋事业绿色发展情况存在的主要问题 ………………… 33

三、加快浙江省海洋碳减排领域发展的对策建议 …………………… 34

第4篇　我国绿色低碳技术发展瓶颈与对策 …………………………… 36

浙江大学创新管理与持续竞争力研究中心　金珺等

一、我国绿色低碳技术发展面临的主要瓶颈 ………………………… 37

二、我国绿色低碳技术发展的对策建议 ……………………………… 40

第5篇　推动电力供应低碳转型发展 …………………………………… 43

浙江大学中国科教战略研究院　李拓宇等

一、我国电力系统低碳转型发展面临的挑战 ………………………… 44

二、关于推动电力系统低碳转型发展的若干建议 …………………… 47

第6篇　支撑“双碳”目标的新型电力系统 ……………………………… 50

浙江大学电气工程学院　万灿等

一、建设新型电力系统是有效支撑“双碳”目标的必由路径 ……… 51

二、我国新型电力系统建设面临的挑战 ……………………………… 53

三、关于推动新型电力系统建设支撑“双碳”目标的对策建议 …… 55

第7篇　大范围限电事件与能源供应与开发政策调整 ………………… 58

浙江大学民营经济研究中心　张旭亮等

一、大范围限电事件暴露出亟待解决的问题 ………………………… 59

二、相关建议举措 ……………………………………………………… 62

第8篇　加快氢能技术创新与产业发展 ………………………………… 65

浙江大学中国科教战略研究院　吴伟等

一、发展氢能技术对实现碳达峰碳中和目标意义重大 ……………… 66

二、我国氢能技术及产业发展的主要瓶颈 …………………………… 67

三、加快氢能技术创新并完善氢能产业链的对策建议 ……………… 69

第9篇　固态储氢技术支撑“双碳”目标实现 …………………………… 72

浙江大学材料学院　刘永锋等

一、开发储氢技术是氢能规模化应用的关键 ………………………… 73

二、我国金属氢化物储氢材料的研究进展与瓶颈 …………………… 76

三、加快氢化物储氢技术研发及产业化应用的建议 ………………… 79

第10篇　对标日本全力发展氢能技术产业 ………………………………… 82

浙江大学区域协调发展研究中心　张旭亮等

一、日本丰田“氢擎”正引领全球新能源变革 ………………………… 83

二、日本氢能产业发展现状及政策借鉴 ……………………………… 84

三、我国氢能产业技术发展建议 ……………………………………… 86

第11篇　在农村地区加快推广生物质清洁供热 …………………………… 88

浙江大学中国科教战略研究院　李拓宇等

一、助力碳中和、实现清洁能源供热，生物质能大有可为 ……………… 89

二、我国生物质清洁供热发展主要瓶颈 ……………………………… 91

三、在农村地区加快推广生物质清洁供热的若干建议 ……………… 93

第12篇　甲烷减排存在的问题及建议举措 ………………………………… 96

浙江省发展规划研究院　秦诗立等

一、我国甲烷减排面临现实困难 ……………………………………… 97

二、稳中求进推动甲烷减排若干建议 ………………………………… 99

第13篇　面向可持续发展的绿色基础设施建设 ………………………… 103

浙江大学环境与资源学院　高超超等

一、基础设施的可持续发展属性 …………………………………… 104

二、“双碳”目标下我国基础设施发展面临的主要挑战 ……………… 106

三、“双碳”目标下我国基础设施发展面临的重大机遇 ……………… 107

四、面向可持续发展的基础设施绿色建造对策建议 …………… 110

第14篇 挖掘乘用车碳指标管控的碳减排潜力 …………… 113

浙江大学环境与资源学院 张清宇等

一、全国车辆现状分析及碳指标确立 …………… 114

二、工作思路与建议 …………… 117

第15篇 碳交易可兼顾双碳和共富两重目标 …………… 120

浙江大学公共管理学院 方恺等

一、碳市场交易具备支撑共同富裕目标极大潜力 …………… 121

二、围绕双重目标加快推进全国碳市场建设 …………… 123

三、推动农村地区可再生能源大规模开发与利用 …………… 126

第16篇 跨区域产业与能源合作示范平台助力双碳与共富协同实现 …………… 129

浙江大学公共管理学院 方恺等

一、浙江实现“双碳”目标和共同富裕所面临的挑战 …………… 130

二、“双碳”目标与共同富裕协同实现的思路与对策 …………… 133

第17篇 警惕密集出台监管政策加重社会经济压力 …………… 137

浙江大学国家制度研究院 张旭亮等

一、第四季度中国经济增长主要风险点 …………… 138

二、做好第四季度经济工作的建议举措 …………… 141

第18篇 拜登政府气候变化政策研判 …………… 144

浙江大学管理学院 金珺等

一、美国拜登政府应对气候变化措施研判 …………… 145

二、针对美国可能气候变化措施的应对建议 …………… 148

编后记 …………… 152

绪　论[①]

由二氧化碳等温室气体排放引起的全球气候变化已成为全人类共同面临的重大挑战之一。科学界、产业界和各国政府对气候变化正在达成明确共识，为避免气候变化给全球带来灾难性后果，世界各国应积极行动起来，减排温室气体以减缓气候变化，碳达峰和碳中和目标即在此背景下被提出。2016年4月22日，全球175个国家在纽约联合国总部签署《巴黎协定》，成为全球应对气候变化的里程碑和转折点。截至2021年1月20日，全球已有127个国家和地区提出2050年实现碳中和的目标愿景，包括英国、新西兰等发达国家以及智利、埃塞俄比亚、南非等发展中国家。其中，苏里南共和国和不丹已经分别于2014年和2018年实现碳中和目标，进入负排放时代。碳达峰碳中和集体行动的形成，标志着传统工业时代的落幕和一个新发展时代的开启。[②] 作为以煤炭、石油为主要燃料的世界第一碳排放大国，中国历来重视大国责任，积极采取措施应对全球气候变化。2020年9月22日，国家主席习近平在第七十五届联合国大会上提出：力争2030年前实现碳达峰，2060年前实现碳中和。

承诺碳中和的部分国家和地区见表0-1。

---

① 本节撰写人：吴伟（浙江大学中国科教战略研究院科研主任，副研究员）、李拓宇（浙江大学中国科教战略研究院学科与教学主任，副研究员）。撰写于2022年4月。

② 张永生，巢清尘，陈迎，等. 中国碳中和：引领全球气候治理和绿色转型[J]. 国际经济评论，2021(03)：9-26/4.

表 0-1 承诺碳中和的部分国家和地区

承诺类型	国家和地区
已实现	不丹,苏里南
已立法	瑞典(2045)、英国(2050)、法国(2050)、丹麦(2050)、新西兰(2050)、匈牙利(2050)
立法中	韩国(2050)、欧盟(2050)、西班牙(2050)、智利(2050)、斐济(2050)、加拿大(2050)
政策宣示	乌拉圭(2030)、芬兰(2035)、奥地利(2040)、冰岛(2040)、美国加州(2045)、德国(2050)、瑞士(2050)、挪威(2050)、爱尔兰(2050)、葡萄牙(2050)、哥斯达黎加(2050)、马绍尔群岛(2050)、斯洛文尼亚(2050)、马绍尔群岛(2050)、南非(2050)、日本(2050)、中国(2060)、新加坡(本世纪下半叶尽早)

资料来源:北京绿色金融与可持续发展研究院 & 高瓴产业与创新研究院,《迈向 2060 碳中和——聚焦脱碳之路上的机遇和挑战》(2021 年 3 月)

目前,国际上已有近 20 个国家和地区制定了有关应对气候变化、控制温室气体排放、低碳绿色发展和征收碳税方面的法律、法规。[①] 欧盟作为全球气候治理的先行者,于 2019 年 12 月颁布了《欧洲绿色新政》(*European Green Deal*),提出在 2030 年将欧盟温室气体排放量降低到 1990 年水平的 55%,到 2050 年实现碳中和的目标。英国于 2019 年 6 月 27 日发布新修订的《气候变化法案》(*Climate Change Act*),成为第一个通过立法形式明确 2050 年实现温室气体净零排放的发达国家,并于 2020 年 11 月 18 日发布《绿色工业革命 10 项计划》(*The Ten Point Plan for a Green Industrial Revolution*),提出将在 2030 年停止售卖新的汽油和柴油汽车及货车,2035 年开始停止售卖混合动力汽车。德国于 2019 年 5 月宣布成立退出煤炭委员会,制订了最迟到 2038 年逐步退出燃煤发电的计划,2019 年 9 月 20 日联邦政府通过《气候行动计划 2030》(*Climate Action Program*),并于 2019 年 11 月 15 日通过《气候保护法》(*Climate Action*

① 田丹宇,徐婷.论应对气候变化信息公开制度[J].中国政法大学学报,2020(05):70-82/206.

Act)，首次以法律形式确定德国中长期温室气体减排目标，规定在2050年时应实现温室气体净零排放。

美国政府的“碳”政策极大程度上受其执政党和总统任期的影响，具有不连贯性和不稳定性。特朗普上任伊始（2017年）就宣布退出《巴黎协定》，放松了国内排放控制，废止《清洁电力计划》，并且在政策上向化石能源倾斜，同时限制清洁能源发展。而拜登上任首日即签署行政令让美国重返《巴黎协定》，并将气候变化确立为“美国外交政策和国家安全的基本要素”，提出“3550”目标，即设立专项煤电退役补偿机制，并制订了煤电厂退役的具体步骤，预计最晚至2030年关闭全国240家煤炭发电厂，在2035年电力行业达到零排放。以上说明，推进碳达峰碳中和议程，已成为不可阻挡的历史潮流和全球各主要经济体的共同行动。

从2014年11月就《中美气候变化联合声明》发表讲话，首次提出中国计划2030年左右实现碳达峰以来，习近平先后发表关于碳达峰碳中和的重要讲话50余次，引导了中国“双碳”从目标制定到行动的整个过程，对有序统筹推进“双碳”工作具有重大意义。继2020年习近平在第七十五届联合国大会上正式提出碳达峰和碳中和的目标后，我国相继出台了《全国碳排放权交易管理办法（试行）》《关于统筹和加强应对气候变化与生态环境保护相关工作的指导意见》和《关于加快建立健全绿色低碳循环发展经济体系的指导意见》等政策文件，围绕减少碳排放设立目标，通过管控高碳排放企业以及鼓励节能、绿色发展等措施引导“双碳”落地，政策指导层面越来越清晰。同时，不少地方也积极响应，发布相关发展规划及配套政策，并大多将实现“双碳”目标列为“十四五”工作重点，并使之成为科技创新、产业发展、社会治理、国际交流等方面的重要价值导向。

未来30年是实现碳中和冲刺的关键阶段。面对极其复杂的地球气候系统，全球实现碳中和目标所面临的多重现实阻力在于：

一是疫情后碳排放量反弹。2020年新冠肺炎疫情导致全球经济停摆，碳排放量同比下降 7%，创第二次世界大战以来最大降幅。[①] 然而，自疫情封锁放松以来，主要碳排放国家经济活动的复苏推动能源需求迅速增长。能源供应短缺推动其价格轮番持续上涨，并导致家庭能源支出增加。全球释放化石能源以应对危机，重启燃煤发电厂，煤炭使用量激增，许多经济体的碳排放量迅速反弹。

二是绿色低碳技术待提升。替代能源发电能力波动大，储能基础设施落后，相关技术研发不足。国际能源署（IEA）[②]评估认为，到 2070 年有 35%的减排量所依靠的技术目前仍处于原型或示范阶段，有 40%的技术尚未被开发出来，商业汽车运输、海洋和航空运输、冶金、水泥生产和其他能源密集型产业所需要的突破性减排技术均不成熟。[③] 能源转型步履维艰，实现净零排放的道路充满挑战。

三是能源转型遇资金缺口。气候融资是促进全球减排的重要途径，能源和基础设施等领域都需要大规模融资。国际能源署（IEA）的预测表明，为实现《巴黎协定》的温控目标，能源领域在 2015—2030 年需投入资金 16.5 万亿美元。全球绿色发展署（GGGI）[④]估计目前的气候融资缺口为 2.5 万亿至 4.8 万亿美元。[⑤] 此外，《巴黎协定》要求发达国家向发展中国家提供资金援助，“1000 亿美元”气候资金承诺尚待落实[⑥]。资金不足已经成为许多国家能源转型战略的主要障碍。

---

① 刘雅文.《bp 世界能源统计年鉴》2021 年版发布：能源市场遭受巨大冲击[J].中国石油和化工，2021(08)：32-33.

② IEA（International Energy Agency）国际能源机构亦称“国际能源署”，经济合作与发展组织的辅助机构之一。1974 年 11 月成立，现有成员国 31 个，旨在协调各成员国的能源政策，减少对进口石油的依赖，在石油供应短缺时建立分摊石油消费制度，促进石油生产国与石油消费国之间的对话与合作。

③ 陆如泉.莫让碳中和变成“叹”中和[J].国企管理，2021(24)：20-21.

④ GGGI（Global Green Growth Institute）全球绿色增长研究所亦称“全球绿色发展署”，由韩国主导创立，2012 年该研究所发展为国际机构，其总部位于首尔，有 22 个会员国，旨在为发展中国家实现绿色增长提供支援。

⑤ 崔莹.全球气候融资进展[J].金融博览，2019(02)：60-62.

⑥ 孟子祺.欧盟气候援助政策及其实践研究[D].北京：北京外国语大学，2020.

四是气候问题政治化明显。尽管碳中和目标由各国自主制定,实现碳中和却必须开展广泛国际合作。[①] 然而,欧盟打着应对气候变化的旗号实施碳关税,其实质是新式绿色贸易壁垒。既不利于发展中国家经济发展和世界经济复苏,还会使陷入困境的全球经济和国际贸易雪上加霜。

作为以煤炭、石油为主要燃料的世界第一碳排放大国,截至 2020 年,我国碳排放量达 102.51 亿吨。相较于发达国家,中国应对气候变暖窗口期不足,虽然所宣布的碳中和实现时点相对稍晚,但从碳达峰到碳中和所用时间仅为 30 年,远低于发达国家(多在 40～60 年)的过渡期,因此"双碳"目标任务更加紧迫、艰巨(见表 0-2)。

表 0-2　发达国家碳达峰与碳中和时间间隔

国家	碳达峰时间	碳中和时间
英国	20 世纪 70 年代初达到峰值后,较长时间处于平台期,目前碳排放相对于峰值水平下降约 40%	2050 年
德国	20 世纪 70 年代末达到峰值后,较长时间处于平台期,目前碳排放相对于峰值水平下降约 35%	2050 年
美国	2007 年达到峰值后,呈缓慢下降趋势,目前相对于峰值水平下降约 20%	2050 年
日本	2013 年达到峰值,未来趋势有待观察	2050 年
韩国	尚未达到峰值	2050 年

资料来源:根据公开资料整理。

与欧美等发达国家相比,我国实现碳达峰碳中和目标将面临的主要挑战在于:

一是经济转型升级压力重。在未来一段时期内,我国经济增速仍将远高于发达国家,能源需求尚未达峰。根据国际货币基金组织的研究,发达国家目前平均经济增速约为 1%～2%,而中国更高的经济增速(5%以上)

① 韩立群.碳中和的历史源起、各方立场及发展前景[J].国际研究参考,2021(07):29-36+44.

还将维持较长时间。我国工业化和城市化的历史任务尚未完成，传统基础设施建设和“新基建”仍然面临较大缺口，能源需求旺盛。

二是能源系统转型难度大。中国能源禀赋多煤、贫油、少气，目前的发电结构以火电为主，而火电以燃烧煤炭为主。考虑到能源安全、能源转化效率、电网安全性等现实问题，我国中短期内能源结构中以煤炭为主的格局不会发生根本性动摇，风、光、水、核等绿色能源的替代潜力相对有限。

三是脱碳技术仍有待突破。现有低碳/零碳技术，尤其交通、工业、建筑等部门供给不足。作为发展中国家，我国整体科技水平有限，特别在能源利用关键技术领域仍存在“卡脖子”现象，CCUS①、生态碳汇②等关键技术尚未得到推广应用。同时，低碳技术创新面临资金投入大、回报周期长、市场预期不确定等困难。

四是宏观管理能力尚不足。中国应对气候变化的法律法规、政策体系还非常不健全，许多领域仍然处于空白状态。目前还缺少健全的温室气体核算体系，对温室气体排放的监测监控核算能力和执法能力都还比较薄弱。③

2022年4月4日，政府间气候变化专门委员会（IPCC）④报告表示，2010—2019年全球温室气体年平均排放量处于人类历史上的最高水平，但增长速度已经放缓。据专家评估，限制全球变暖须在2030年前减少43%温室气体排放，甲烷也需要减少约三分之一。⑤ 推动全球“零碳冲

① CCUS(Carbon Capture，Utilization and Storage)，碳捕获、利用与封存是应对全球气候变化的关键技术之一，即把生产过程中排放的二氧化碳进行提纯，继而投入到新的生产过程中进行循环再利用。与CCS相比，CCUS可以将二氧化碳资源化，能产生经济效益，更具有现实操作性。

② 碳汇是指通过植树造林、森林管理、植被恢复等措施，利用植物光合作用吸收大气中的二氧化碳，并将其固定在植被和土壤中，从而减少温室气体在大气中浓度的过程、活动或机制。

③ 张雁.全球气候治理：从中国方案到中国行动[N].光明日报，2016-11-23(15).

④ IPCC(Intergovernmental Panel on Climate Change)联合国政府间气候变化专门委员会是世界气象组织（WMO）及联合国环境规划署（UNEP）于1988年联合建立的政府间机构，其主要任务是对气候变化科学知识的现状，气候变化对社会、经济的潜在影响以及如何适应和减缓气候变化的可能对策进行评估。

⑤ 张佳欣.世界须在2030年前将碳排放减少四成[N].科技日报，2022-04-08(4).

刺”,有三条根本性举措可选:

一是能源结构的根本性调整。重点关注零碳电力技术和零碳非电能源技术等,推动能源结构革新。一方面,降低化石能源供应,控制煤炭、石油、天然气消费总量,推动其高效、清洁化利用;另一方面,发展绿色清洁能源,开发储能技术,在确保安全的前提下积极有序发展核电。

二是产业结构根本性转型。重点聚焦绿色低碳/零碳产业发展,实现产业结构绿色转型。严格落实钢铁、水泥、平板玻璃、电解铝等行业产能置换政策,坚决遏制高耗能、高排放和低水平项目盲目发展。

三是突破绿色低碳技术。重点突破碳捕集利用与封存(CCUS)、自然碳汇等负碳技术,通过技术发展降低碳排放。鉴于在现阶段低碳技术创新可能会引发经济成本和社会福利损失,一方面需要加强技术研发,降低低碳技术成本;另一方面需要采取经济激励政策,平衡低碳技术与传统技术路线之间的成本差额,引导资本流向低碳技术领域。①

目前,中国已经将应对全球气候变化全面融入国家经济社会发展的总战略,碳达峰碳中和工作正稳步推进。本书是相关重大议题专题报告的结集,不单包括煤炭、电力、海洋碳汇、氢能、甲烷、生物质等偏技术层面的专题报告,也包括产业发展监管、基础设施建设、跨区域合作等社会治理层面的专题报告,能够比较全面地反映“双碳”事业发展的全貌。

---

① 石敏俊,林思佳.“双碳”目标下推动经济社会发展绿色低碳转型的挑战和路径[J].河北经贸大学学报,2021(5):5-7.

第1篇　把牢能源安全底线仍要加强煤炭清洁低碳利用[①]

报告核心内容

我国是世界第一大煤炭生产和消费国，煤炭在能源体系中具有主体地位。作为我国能源供应体系的基石，也作为实现“双碳”目标的重要一环，煤炭的清洁低碳利用是我国能源转型发展的基本立足点。我国在煤炭高效发电、清洁燃烧和 CO_2 捕集利用与封存等方面取得了一系列重要成果，但仍存在符合中国国情的减煤减排发展路线不够清晰、煤炭清洁低碳利用技术体系发展滞后、煤炭清洁低碳利用的保障推进机制不完善等问题。本节建议从统筹组织国家战略科技力量、明确技术创新主攻方向、系统推进产业化示范等方面入手，在保障经济社会高质量发展基础上支撑碳达峰碳中和目标实现。

---

① 本报告于2021年3月份撰写报送，受到有关部门重视，编入本书时做了适当调整。撰写人：高翔（中国工程院院士，浙江大学能源工程学院院长）、叶民（浙江大学科教发展战略研究中心主任）、李飞（浙江大学中国科教战略研究院副研究员）、吴伟（浙江大学中国科教战略研究院副研究员）、王涛（浙江大学能源工程学院教授）、郑成航（浙江大学能源工程学院教授）、朱凌（浙江大学中国科教战略研究院研究员）、李拓宇（浙江大学中国科教战略研究院副研究员）、陈婵（浙江大学政策研究室副主任）、张力（中国能源建设规划集团规划设计有限公司副总经理）、齐斌（中国能源建设规划集团规划设计有限公司总工程师）、张炳成（中国能源建设规划集团规划设计有限公司副总工程师）。同时，本节撰写过程中还征询过多位科技界专家意见，一并致谢。

能源安全是关系国家经济社会发展全局性、战略性的问题，对国家繁荣发展、人民生活改善、社会长治久安至关重要。虽然能源结构多元化是不可逆转的大势所趋，但化石能源在短期内仍将占据主导地位，美国能源信息署曾预测到 2040 年化石能源在全球能源消费总量占比仍会超过 3/4。[①]

煤炭在我国具有主体能源地位。一方面，我国是世界上最大的煤炭生产和消费国，每年消费 20 亿～30 亿吨标准煤；同时煤炭也是我国最主要的能源，在一次能源消费结构中占 56.8%。[②] 而煤炭消费的前景，极大程度上取决于煤炭使用的环境可接受程度。“十四五”时期是实现碳达峰的关键时期，也是能源低碳转型的重要窗口期，因此在“双碳”发展目标框架下加强煤炭资源的清洁低碳利用，对保障国家能源供应安全意义重大。

一、煤炭清洁低碳利用是我国能源转型发展的基本立足点

1. 煤炭消费是我国能源供应体系的“压舱石”

我国能源矿产资源种类齐全、资源丰富，已知探明储量的能源矿产有煤、石油、天然气、油页岩、铀、钍、地热等。但能源矿产资源结构不理想，即煤炭资源比重偏大，石油、天然气资源相对较少。在三大化石能源矿产资源已探明储量中，煤炭占 94%以上（储量超 1.7 万亿吨）[③]，是资源最丰富、生产和消费最经济的优势能源。与欧美发达国家以石油、天然气为主的能源消费结构不同，我国 2020 年原煤消费 40 亿吨左右，在一次能源消费中

---

① EIA. International Energy Outlook 2017[J]. Oil & Gas Financial Journal, 2017(3): 96-97.

② 世界能源蓝皮书：世界能源发展报告（2021）[M]. 北京：社会科学文献出版社，2021：53.

③ 2017—2022 年中国煤炭市场专项调研及发展趋势研究报告[R]. 智研咨询，2016：17-19.

占 56.8%[①]，且能基本实现自给自足。从我国能源安全角度讲，完全摆脱对煤炭的依赖至少在目前的科学技术条件下并不现实，煤炭作为重要能源角色的情况短期内在我国仍难以改变。

相比之下，一次能源消费中仅次于煤炭的石油、天然气消费很大程度上依赖进口，对外依存度分别超过 70%和 40%[②]，存在能源安全隐患。此外，虽然可再生能源利用发展迅速，但不足以对能源供应安全起支撑作用。以风能和太阳能发电为主的新能源存在利用小时数偏低、随机性和间歇性等缺点，导致可再生能源大规模发展并大比例消纳过程中将会对电网形成较大冲击，对极端天气的调节能力较弱（如 2008 年南方雪灾和 2021 年 3 月美国德州雪灾），且目前尚无法实现大规模储能。综上，煤炭消费在我国能源供应体系中仍具有不可替代的作用，煤炭资源清洁低碳利用是应对能源供需矛盾、保障能源供应安全的关键举措。发达国家在实现碳达峰后煤炭作为重要能源仍将长期存在，如美国 2007 年碳达峰后煤炭消费长期保持在 7 亿～10 亿吨，2018 年后才快速下降并达到目前的 5 亿吨左右；德国 1990 年实现碳达峰后煤炭消费多年保持在 2 亿吨左右；日本 2013 年碳达峰后煤炭仍长期占能源消费的 20%以上。[③]

2. 煤炭清洁低碳利用对实现“双碳”目标至关重要

我国煤炭为主的能源结构和长期以来煤炭低效、粗放的原始消费方式，与中国对生态环境、气候变化需求之间的矛盾逐渐凸显。目前，我国的煤炭消费方式仍较为粗放，其中 80%左右的煤炭被直接作为燃料使用，只有少部分通过气化、液化进行转化利用。在煤炭燃烧过程中，除了二氧化硫、氮氧化物与燃烧颗粒物污染外，还造成了大量温室气体排放。当前主

---

① 世界能源蓝皮书：世界能源发展报告（2021）[M]. 北京：社会科学文献出版社，2021.

② 网易新闻. 拥抱能源革命的强主题把握碳达峰与碳中和的三大投资机会[EB/OL]. https://www.163.com/dy/article/G5BU7IM30519QIKK.html. 2022-04-06.

③ 能源发展网.“双碳”目标下煤炭的舞台与机遇[EB/OL]. https://www.nationalee.com/newsinfo/1705090.html. 2022-04-06.

力现役煤电机组到2030年的累计CO_2排放预计将达到47.5亿吨，可达2020年全国碳排放总量的48%[①]，煤炭消费面临的减碳排压力巨大。“一刀切”限电限产或运动式“减碳”的方法无异于扬汤止沸、饮鸩止渴，既不能适应未来能源消费方式的发展趋势，也不能从根本上解决能源生产与环境效益之间的矛盾。国家发展改革委、国家能源局发布《“十四五”现代能源体系规划》再次重申了能耗“双控”向碳排放总量和强度“双控”转变的理念，并强调了煤炭在支撑“双碳”目标实现过程中的兜底作用。因此高效、清洁、低碳开发利用煤炭势在必行。

3. 实现煤炭清洁低碳有助于在国际合作与气候变化国际谈判中开拓新局面

我国承诺将大力支持发展中国家能源绿色低碳发展，不再新建境外煤电项目；在联合国气候变化框架公约缔约方大会第二十六次会议(COP26)气候变化谈判中达成一致，逐步减少不进行碳脱除的煤电，逐步取消低效的化石燃料补贴[②]，基于碳脱除的清洁煤电技术有利于履行国家气候变化承诺、有利于国际形势破局。同时，我国现役的煤电机组平均运行年龄约13年，2010—2020年新投运煤电装机容量4.98亿kW(占煤电装机总容量的46.1%)，而发达国家的煤电机组平均运行年龄约为40年[③]，支撑传统煤电产业继续有效使用避免因碳减排而造成的煤电机组资产“贬值”。未来，发展煤炭清洁低碳利用技术有利于在“双碳”目标下满足社会发展所必需的能源需求的基础上实现二氧化碳以及其他污染物的大规模减排。

---

① 环球网.力争2030年前实现碳达峰，2060年前实现碳中和——打赢低碳转型硬仗[EB/OL]. https://baijiahao.baidu.com/s?id=1695888925815052253&wfr=spider&for=pc. 2022-04-06.

② 第一财经.COP26：应对全球气候变化的阶段性胜利[EB/OL]. https://www.yicai.com/news/101266076.html. 2022-04-06.

③ 搜狐网.“双碳”目标下传统火电面临的挑战与对策[EB/OL]. https://www.sohu.com/a/511889881_289755. 2022-04-06.

二、我国煤炭清洁低碳利用现状及面临的主要问题

为了增强能源供应链安全性和稳定性，解决大量燃煤引发的能源环境问题，发展煤炭清洁低碳利用技术是加快推动能源绿色低碳转型的必经之路。通过各大高校、科研院所、企业的研究合作，目前我国在煤炭高效发电、清洁燃烧和 CO_2 捕集利用与封存等方面取得了一系列重要成果。一是高效燃煤机组得到广泛应用。我国 6000kW 以上火电厂的供电煤耗从 2010 年的 333g/kWh 下降至 2020 年的 305.5g/kWh，最先进机组设煤耗可低至 260g/kWh 以下①，机组参数、机组数量、能效指标、污染物排放指标均进入世界先进行列。二是已建成全球最大的清洁煤电供应体系。研发燃煤超低排放技术，实现燃煤主要烟气污染物排放指标优于国家规定的燃气发电排放限值；截至 2020 年底，全国达到超低排放限值的煤电机组约 9.5 亿千瓦（约占全国煤电总装机容量的 88%）②。三是煤电碳减排技术不断取得突破。建成了 15 万吨/年燃煤烟气 CO_2 捕集与驱油封存全流程示范项目、万吨级微藻固碳示范工程和万吨级 CO_2 矿化养护混凝土示范装置，正在设计建设 50 万吨级和百万吨级的燃煤烟气 CO_2 捕集利用示范工程。

然而，现有煤电机组仍存在度电 CO_2 排放高（2020 全国火电平均 CO_2 排放约 832g/kWh）、排放总量大（占全国碳排放量的 40%以上）③等问题，实现煤炭清洁低碳利用仍面临诸多瓶颈。

1. 符合中国国情的减煤减排发展路线还不够清晰

欧美等发达国家的减煤路径，主要依赖天然气和可再生能源等低碳能

---

① 国家能源局. 全国煤电机组改造升级实施方案[R]. 北京：国家发改委，2011：1.

② 中国电力行业年度发展报告 2021[R]. 中国电力企业联合会，2021：39.

③ 全国能源平台. 中国能源大数据报告（2021 年）——电力篇[EB/OL]. https://baijiahao.baidu.com/s?id=1702787204882618585&wfr=spider&for=pc. 2022-04-06.

源的直接替代。我国当前主要采用削减煤电机组和压减发电小时数的方式来应对煤电碳排放压力，无法保障我国居民和工业用电安全和电力价格稳定。考虑到能源经济与安全等因素，煤炭与可再生能源协同互补的发展策略是我国短期内的最优减煤路径。但是，煤炭清洁低碳利用的发展路线还不够清晰、政策配套还不完善，煤炭与可再生能源互补使用的创新潜能挖掘还不充分。

2. 煤炭清洁低碳利用技术体系发展滞后

一是煤电与可再生能源的协同互补技术体系还不成熟。我国煤电与可再生能源协同互补的技术手段单一，大规模燃煤与可再生能源耦合发电技术尚不成熟，风、光等可再生能源大规模发电时仍会对电网安全运行具有较大潜在风险。二是煤基深度脱碳技术体系发展缓慢。以碳捕集利用与封存为代表的碳脱除技术可以大规模消除化石燃料使用造成的温室气体排放，美国已建立了10个40万吨级碳捕获、利用与封存（CCUS）工业项目，年CO_2捕集封存量可达2500万吨，产能达全球三分之二以上。相比之下，我国CCUS技术链虽然各环节都具备一定的研发与示范基础，但各环节技术发展不平衡，距离规模化示范应用仍存在较大差距，主要存在的问题包括：CO_2捕集示范规模较小、能耗/成本偏高；驱油等CO_2利用与封存示范规模较小，且地质封存的性能评估和长期监测技术水平落后于发达国家；CO_2转化与利用技术尚处于小规模工程验证阶段等。

3. 煤炭清洁低碳利用保障推进机制不完善

一是缺乏财税金融激励政策。在“振兴煤炭”政策背景下，2018年美国45Q修订法案大幅提高了对CCUS项目的税收补贴强度和支持范围。新法案规定：企业将捕集的CO_2进行咸水层封存，免税补贴每吨50美元；将捕集的CO_2用于利用（如驱油），免税补贴每吨35美元。[①] 欧盟2020年

① 财经头条. 双碳开新局|提升绿色能源技术话语权[EB/OL]. https://cj.sina.com.cn/articles/view/1700827801/656092990190115qy. 2022-04-06.

创立总额100亿欧元的欧洲创新基金，将CCUS项目列为重点支持领域。对比来看，我国对带有CCUS项目的燃煤发电尚无明确的激励政策。二是缺乏煤基清洁低碳产业发展标准规范。国际标准化组织（ISO）早在2013年就组建了CO_2捕集、运输和地质封存技术委员会（ISO/TC265），下设碳捕获、运输、储存、共性问题、量化与验证5个工作组，并由美、日、欧等国家和地区分头组织。而我国发展新型煤基清洁低碳产业，尚缺乏系统的标准与规范。三是缺乏复合型人才。煤炭清洁低碳发展急需大批能源、电气、化工、材料等多领域的复合型人才，然而我国高校的学科建设与人才培养模式仍较为单一，学科交叉机制尚处于试点阶段，难以满足产业发展的紧缺人才需求。

三、相关对策建议

1. 统筹组织“煤炭清洁低碳利用”国家战略科技力量，加快推进共性关键技术攻关

立足我国“富煤、贫油、少气”的能源资源禀赋，把煤炭清洁低碳利用作为能源转型发展的立足点和底线任务，加强共性关键技术攻关，促进煤炭清洁能源转型，推动煤炭和新能源的优化组合。建议尽快组建煤炭清洁低碳利用领域的科研集成攻关大平台，将作为能源国家实验室的基地列入国家实验室发展规划，集中力量、集中资源、集中资金开展有组织的科研，加快实现共性关键技术攻关突破。

2. 明确技术创新主攻方向，高水平支撑能源转型发展

将煤基多能互补、燃煤高效清洁发电、高效低成本二氧化碳捕集利用与封存等作为技术优先发展方向，强化资源集成、协同攻关。一是推进煤基多能互补技术攻关，支撑可再生能源占比稳步提升。鼓励发展煤与生物质能、城市含能固废、氨能等低碳燃料掺烧的高效低碳发电技术，以及高比

例蓄纳可再生能源的智慧煤电技术，显著降低我国燃煤电厂的度电 CO_2 排放，提高煤电对可再生能源的协同蓄纳能力，逐步提高我国可再生能源在一次能源中占比。二是加强煤基减污降碳协同技术攻关，推进煤电绿色升级。鼓励发展适用于我国煤炭能源体系的低成本 CO_2 捕集、利用与封存技术，发展面向近零排放的高效低成本减污降碳协同控制技术，加大煤基高参数与新型热力循环机组改造和开发，通过综合应用与示范验证提出经济技术成熟可行的煤电绿色升级工程解决方案并在全国推广。三是加大煤基高参数与新型热力循环机组改造和开发。加大 700℃ 等级超高参数燃煤发电技术的研究投入，掌握 700℃ 等级超高参数燃煤发电系统优化和设计技术；发展煤基超临界 CO_2 发电系统、超临界水气化制氢发电及其他先进动力循环关键技术；开发高效灵活的超临界 CO_2 发电技术，加速推进 600℃ 等级 20MWe 以上超临界 CO_2 发电机组工业验证与示范。

3. 系统地推进低碳/零碳新型煤基产业化示范

一是加快开展大规模产业化集成示范。“十四五”期间，建设 2～3 个百万千瓦级煤基低碳能源示范项目，实现煤基度电 CO_2 排放降低到 600g 以下；到 2035 年建成 5～10 个百万千瓦级煤基低碳能源工程项目。以煤炭减污降碳协同、碳捕集利用与封存、储能技术的大规模示范为牵引，积极支持钢铁、水泥、化工等煤基工业低碳能源产业示范区建设。二是加快完善标准体系。开展煤基低碳能源领域温室气体排放核算、报告、核查、减排效果评估及碳排放管理体系，碳足迹等标准制修订，制定科学合理的煤炭减污降碳协同、煤基多能互补、碳捕集利用与封存技术等绿色煤电建设、运营、监管及终止的制度法规和标准体系，建立完善新型电力系统下新的规范和标准，引领和规范煤基能源的低碳发展。三是建立绿色煤电技术税收优惠和补贴激励政策。试行按照度电 CO_2 排放降低给与绿色煤基能源灵活电价补贴，为企业技术改造、产业化示范工程项目建设等提供更加畅通的融资渠道。四是加强煤基低碳能源领域人才队伍建设。围绕技术创新、业态升级和战略发展的需求，加快推动高校和科研院所布局与实现“双碳”目标相适应的煤基低碳能源领域新专业和新课程，建立产学研交融协同的人才培养模式，推进实现煤基能源低碳发展的基础研究、应用基础研究、技术创新、成果转移转化和支撑服务、高端智库等各类人才梯队建设。

第2篇　海洋 CO_2 地质封存(CCUS)技术创新与工程示范[①]

报告核心内容

海洋 CO_2 地质封存潜力巨大，可促进煤炭等化石能源的清洁利用，是实现《巴黎协定》1.5℃温控目标的必要技术手段之一。欧美主要发达国家都在大力开展CCUS项目。我国 CO_2 减排任务巨大，但封存技术相关各个产业链环节技术较发达国家仍有差距。目前，我国海洋 CO_2 地质封存尚处于可行性研究阶段，面临技术实施难度大、封存容量不确定性程度高、地质封存存在泄漏风险等主要瓶颈与挑战。为此，本报告建议一是强化顶层设计，提高海洋 CO_2 地质封存战略地位；二是加强多学科融合交叉研究，创新发展海洋地质封存技术；三是积极完善相关产业标准、政策，推动建立示范工程；四是积极深化开放合作与国际交流。

---

① 本报告于2022年年初撰写报送，编入本书时做了适当修改。撰写人：王立忠（浙江大学建筑工程学院教授）、孙海泉（浙江大学海南研究院副研究员）、洪义（浙江大学建筑工程学院教授）、国振（浙江大学建筑工程学院教授）。

自工业化以来，大气中 CO_2 浓度一直增加，从工业化前的 280 ppm 上升到现在的 420 ppm。[1] 据联合国政府间气候变化专门委员会（IPCC）第六次评估报告（AR6）第一工作组报告（2021 年）[2]，2011—2020 年这 10 年间全球表面平均温度较工业化前增加 1.09℃。其中 CO_2 对全球变暖贡献最大，占产生温室效应气体总量的 55%。若保持目前温室气体排放速率，不快速进行大规模温室气体（主要为 CO_2）减排，全球温升则在 2041 年左右可能达到或超过 1.5℃，从而使得《巴黎协定》1.5℃的温控目标难以实现。CO_2 排放过量是导致全球变暖主要原因，会带来冰川融化、海平面上升、极端气候等一系列问题，成为制约人类经济社会可持续发展的重要障碍。实现 CO_2 净零排放是可持续发展必要路径。CO_2 地质封存是指通过工程技术手段将捕集的 CO_2 注入深部地质储层实现 CO_2 与大气长期隔绝的过程。按照封存位置不同，可分为陆地封存和海洋封存；按照地质封存体不同，可分为咸水层封存、枯竭油气藏封存等。[3] CCUS 目前在全球 25 个国家均有部署，美国和欧盟处于领先地位。我国海洋 CO_2 地质封存潜力巨大，加快其技术创新与示范，能够大规模降低 CO_2 排放，实现安全高效封存，保障我国碳中和目标如期完成。

一、海洋 CO_2 地质封存对实现碳中和目标意义重大

（一）实现现有能源的减排

当前我国的能源仍是依赖煤炭、石油等化石能源。2021 年，煤炭在我

① Dr. Pieter Tans, NOAA/GML (gml. noaa. gov/ccgg/trends/) and Dr. Ralph Keeling, Scripps Institution of Oceanography (scrippsco2. ucsd. edu/)[EB/OL]. 2022-4-24.

② Zhongming, Zhu, et al. AR6 Climate Change 2021: The Physical Science Basis [R]. 2021.

③ 蔡博峰，李琦，张贤，等. 中国二氧化碳捕集利用与封存（CCUS）年度报告（2021）——中国 CCUS 路径研究[R]. 生态环境部规划院，中国科学院武汉岩土力学研究所，中国 21 世纪议程管理中心，2021(01).

国能源消费占比中高达56%[①]，预计到2050年该比例可降至10%～15%[②]。在国家“双碳”目标背景下，我国未来将大力发展光伏、风能、核能、氢能等清洁能源，并且增加清洁能源的比例，构建清洁低碳的现代能源体系。CCUS是现有能源 CO_2 排放实现净零排放的不可或缺的技术途径之一。

(二)实现高能耗行业碳减排

电力行业是碳排放最高的行业，利用火电结合CCUS的技术路径，在实现碳减排的同时，可提供稳定清洁的低碳电力。当前形势下，钢铁、水泥等高能耗行业净零排放离不开CCUS。根据国际能源署(IEA)发布的钢铁行业技术路线图，即使考虑常规减排措施和利用氢直接还原铁技术，仍有8%以上的碳排放量；水泥行业考虑常规减排措施后，仍有48%碳排放量。[③] CCUS将成为钢铁、水泥等高能耗难减排行业实现零排放的必要技术之一。

(三)与氢能结合共同减排

当前氢气制备主要依赖煤炭、天然气等化石燃料，仍会产生 CO_2 排放，若其制备方式为低碳，则在终端使用氢能时不会带来额外的碳排放。因此，通过CCUS结合煤炭制氢或天然气制氢的方式可支持低碳制氢生产规模迅速扩大，以代替传统能源满足工业、交通等领域的能源需求。与绿电电解制氢相比，CCUS技术制氢成本更低。

二、海洋 CO_2 地质封存是实现碳中和的关键途径之一

在全球应对气候变化路径中，CCUS地位不可替代。联合国政府间气

---

① 国家统计局. 中华人民共和国2021年国民经济和社会发展统计公报[EB/OL]. http//：www.stats.gov.cn/xxgk/sjfb/zxfb2020/202202/t20220228_182797/.html. 2022-02-28.

② 全国能源信息平台. 中国能源大数据报告(2021年)——电力篇[EB/OL]. htpp：//baijiahao.baidu.com/s? id＝1702787204882618585&wfr＝spider&for＝pc. 2021-06-17.

③ IEA. Iron and Steel Technology Roadmap：Towards more sustainable steelmaking，2020.

候变化专门委员会(IPCC)、国际能源署(IEA)、国际可再生能源机构(IRENA)在不同减排路径下对CCUS的减排贡献进行了预测,在多达90余种模拟情景下CCUS技术都是实现本世纪升温控制、实现近零排放目标的关键途径之一。

(一)大规模CO_2地质封存仍是CO_2减排重要途径

联合国政府间气候变化专门委员会(IPCC)、国际能源署(IEA)、国际可再生能源机构(IRENA)在各种减排路径下对CCUS技术的减排贡献进行了预测,无论在一种还是多种减排模拟情景下,CCUS技术都是实现本世纪升温控制、实现近零排放目标的重要途径之一。各组织对于减排模拟情景的选取与设定的不同,导致其结果存在一定差别,总体来讲:IPCC报告指出2050年,CCUS贡献的减排量为27.9亿～76亿吨/年,平均为46.6亿吨/年;IEA的分析报告预测全球将于2070年实现净零排放;IRENA报告指出深度脱碳情景中,2050年CCUS将贡献22.14亿吨/年左右(约为6%的年减排量)。其中IPCC《全球升温1.5℃特别报告》对其中的90种情景进行了评估,几乎所有场景均需CCUS的参与才可将温升控制在1.5℃范围内[①]。在现有技术情形下,大规模的CO_2地质封存仍是CO_2减排的重要途径。

(二)达到《巴黎协定》必须充分发挥CO_2地质封存潜力

为应对自工业化以来的全球持续变暖,2015年12月《联合国气候变化框架公约》缔约方通过《巴黎协定》设定长期目标“将全球平均气温较前工业化时期上升幅度控制在2℃以内,并努力将温升幅度控制在1.5℃以内”。2021年11月,《联合国气候变化框架公约》第26次缔约方共同签署了《格拉斯哥气候公约》,形成了对《巴黎协定》具体实施的补充方案和细

① 蔡博峰,李琦,张贤,等.中国二氧化碳捕集利用与封存(CCUS)年度报告(2021)——中国CCUS路径研究[R].生态环境部规划院,中国科学院武汉岩土力学研究所,中国21世纪议程管理中心,2021-01-10.

则。根据政府间气候变化专门委员会(IPCC)第六次评估报告(AR6)第一工作组报告，最近10年(2011—2020年)，全球表面平均温度比工业前(1850—1900年)升高1.09℃(升温幅度0.95℃～1.20℃)。除非进行快速和大规模的温室气体(CO_2 气体等)减排，否则较之工业前的全球平均温度在2041年左右可能达到或超过1.5℃。[①] CO_2 地质封存是仅有的可实现这种大规模持续减排、可促进煤等化石能源的清洁利用的方式，比较符合我国当前国情。CCUS目前在全球25个国家均有部署，美国和欧盟处于领先地位。2021年美国和欧盟新增CCUS项目数约占全球2021年度新增项目数量的75%，累计项目数约占全球累计项目数量的63%。

(三)海洋 CO_2 地质封存储量巨大且相对安全

全球陆上 CO_2 封存容量约为6万亿～42万亿吨，海洋 CO_2 理论封存容量约为2万亿～13万亿吨，其中我国地质封存潜力(陆上封存+海洋封存)约为1.21万亿～4.13万亿吨。而我国陆上适宜封存场地周边人口密度大，封存场地多为零散，一旦发生泄露将令人民生命财产和淡水资源损失巨大。我国海域盆地众多，适宜 CO_2 封存场地面积大，且我国沿海发达城市源汇匹配程度较高，近海盆地封存容量巨大。这里列出几大近海盆地：如渤海盆地(储碳潜力69亿吨)，东海盆地(储碳潜力234亿吨)，珠江口盆地(储碳潜力136亿吨)，南海诸盆地(储碳潜力464亿吨)等[②]。海洋封存与陆上封存相比，表层有海水的压力阻隔，海底有低温环境，使得封存的 CO_2 具有更高的稳定性，降低了 CO_2 泄露的风险和对盖层完整性的要求。海底地质封存的压力管理过程比陆地地质封存容易。海洋 CO_2 封存不仅封存潜力巨大，而且与陆地碳封存相比安全性更高。

---

① IPCC. Summary for policymakers[A]. Masson-Delmotte V, Zhai P M, Pirani A, et al. Climate Change 2021: The Physical Science Basis [M]. Cambridge: Cambridge University Press, 2021: 3-31.

② 霍传林.我国近海二氧化碳海底封存潜力评估和封存区域研究[D].大连:大连海事大学，2014.

三、我国海洋CO_2地质封存技术主要挑战

我国于2006年在北京香山会议首次提出CCUS,于2020年9月在联合国大会上向世界宣布“3060”“双碳”目标。在碳中和目标下,中国CCUS减排需求为2030年0.20亿~4.08亿吨CO_2,2050年6.0亿~14.5亿吨CO_2,2060年10.0亿~18.2亿吨CO_2。[①] 目前我国仅开始了陆上小规模CCUS,多以石油、煤化工、电力行业小规模的捕集驱油示范为主,缺乏大规模的多种技术组合的全流程工业化示范。海洋CO_2地质封存尚处于可行性研究阶段,主要挑战如下。

(一)海洋CO_2地质封存成本高

CCUS技术的最大优势是其无可替代的CO_2减排能力,但CO_2封存不产生附加经济效益,且在前期会产生场地地质调查成本、运行注入成本和封存关闭后长期监测成本,因此整体CCUS项目投资成本相对较高。如华润集团海丰超临界燃煤电厂燃烧后捕集示范项目投资成本为8531万元,华能上海石洞口第二电厂碳捕获项目投资成本约为1亿元。基于目前的科学技术水平并考虑CO_2封存后连续20年的监测费用,陆上咸水层封存成本约为60元/吨CO_2,海洋咸水层封存约为300元/吨CO_2。[②] 如若考虑利用陆上或海上枯竭油气藏进行封存,通过改造一些现有基础设施,会节省一部分费用。

(二)海洋CO_2封存容量、安全不确定性程度高

海洋CO_2地质封存主要机理包含四方面:构造封存、溶解封存、残余

---

① 蔡博峰,李琦,张贤,等.中国二氧化碳捕集利用与封存(CCUS)年度报告(2021)——中国CCUS路径研究[R].生态环境部规划院,中国科学院武汉岩土力学研究所,中国21世纪议程管理中心,2021-01-22.

② 华宝证券.碳捕集利用与封存技术:零碳之路的“最后一公里”[EB/OL].http:www.hibor.com.cn/repinfodetail_1261134.html.2021-12-25.

气封存和矿化封存。其中构造封存是将 CO_2 封存在一定结构的稳定地质构造体中,如背斜、断层、地层尖灭等,上部有良好盖层阻挡 CO_2 运移。溶解封存是指 CO_2 注入运移过程中,随着浓度和压差的减少,CO_2 溶解在储层岩石孔隙水中。残余气封存是指 CO_2 在毛细力和表面张力的作用下残留在储层岩石孔隙中。矿化封存是指 CO_2 与现场流体和岩石发生化学反应后,形成碳酸根(CO_3^{2-})、碳酸氢根(HCO_3^{-})离子,与储层中金属阳离子结合形成稳定碳酸盐矿物,永久封存。

区别于陆上地层条件,近海海底目标储碳层地质年代相对较新且受深部岩浆作用较强,呈现出孔隙大、胶结弱、含泥高和含气成分杂等特点;这使其具有更强的 CO_2 封存潜力,但也增加了 CO_2 注入控制的难度和地层安全失稳的风险。此外,海底的压力、温度和盐度均与陆上有较大区别,会显著改变 CO_2 相态演化及其与储盖层的物理化学作用。目前,海底复杂环境中 CO_2 长期(万年)相态演化和 CO_2-盐水—岩体相互作用机制仍有待深入研究,用于探测近海海底 CO_2 封存适宜地层和监测 CO_2 渗漏的设备与技术也有待突破。

海洋 CO_2 封存区域的选取需要对封存区域展开全面系统的研究,具体包括海洋 CO_2 地质封存的地质体储碳容量评估方法、海洋 CO_2 封存储盖层系统多相—多场耦合理论与安全评价和海洋 CO_2 地质封存区原位立体监测技术与分析系统。国外已运行的商业化 CCUS 工程多出现各种问题,如挪威 Sleipner 项目 CO_2 注入前期出现地层坍塌[①]、挪威 Snohvit 项目出现 CO_2 注入压力急剧升高地层注入性差[②]、澳大利亚 Kwinana 项目盖层

---

① Tracing the Path of Carbon Dioxide From a Gas/Condensate Reservoir, Throught and Amine Plant and Back Into a Subsurface Aquifer-Case Study: The Sleipner Area, Norwegian North Sea [C]. Offshore Europe 2005 Oil & Amp; Gas Exhibition & Amp; Conference: Inform, Innovate, Inspire. : Society of Petroleum Engineers (SPE), 2005: 1-15.

② Hansen, Olav, et al. Snøhvit: The History of Injecting and Storing 1 Mt CO_2 in the Fluvial Tubåen Fm[J]. Energy Procedia, 2013(37): 3565-3573.

存在微裂纹导致 CO_2 易泄露[①]，导致工程被迫停止或取消，造成巨大的财产损失。由于 CO_2 地质封存为超临界状态或液态，导致其工程实施难度较大。其在输运、注入和封存过程的任何环节发生泄露，就有可能危及操作人员和封存周围生态环境。加之目前我国 CCUS 的环境监测、安全技术和安全管理体系尚不完善，也阻碍了其产业化发展。我国 CCUS 技术尚处于研发与示范阶段，应用程度尚浅且项目规模较小。CCUS 技术流程与产业流程均较为复杂，需要多技术与多行业协同合作。

（三）CO_2 封存相关产业标准、政策不完善

我国自 2006 年起陆续发布了 20 多项涉及 CCUS 的政策，如此前推出《国家中长期科学和技术发展纲要（2016—2020 年）》《中国应对气候变化国家方案》等，均将 CO_2 地质封存列为重要研究内容，积极推动 CCUS 技术发展与示范。但是，目前我国还尚未建立直接与 CO_2 封存相关的产业标准和法律法规，现行环境保护等仅与其间接相关，缺乏针对性。法律法规的不完善对企业意味着多重风险，直接阻碍了企业参与 CCUS 项目的积极性。关于高浓度 CO_2 封存的法规和申报流程较为复杂，且需考虑地质构造的稳定性（并不是所有已验证的具备封存容量的地质结构最终均可顺利实现封存，仍需花费时间和成本进一步勘探和评估）。此外，缺少有效的政策激励也是目前企业开展 CCUS 研究和示范项目的主要障碍。将来需要将 CO_2 封存纳入相关产业目录，完善优化法律框架，尽快出台明确的政府政策与建立专项法律法规和标准，这对于 CCUS 项目的大规模实施非常重要。

---

① Sharma, Sandeep, et al. The Flagship South West Hub Project: Approach Towards Developing A Green-field Industrial Scale CCS Project in Western Australia[J]. Energy Procedia, 2014 (63): 6096-6105.

四、加快 CO_2 地质封存技术创新并建立相关示范工程

面向国家“双碳”目标，考虑我国目前 CO_2 高排放量和未来巨大的 CO_2 减排需求，应加快海洋 CO_2 地质封存技术创新，逐步形成大规模产业化集群，建立海洋 CO_2 封存示范工程。

（一）强化顶层设计，提高海洋 CO_2 地质封存战略地位

加强海洋 CCUS 产业顶层设计。建议国家层面制定海洋 CCUS 总体发展规划，统筹产学研联合攻关，推进协同创新，并将 CCUS 技术作为国家重大科技专项予以支持，推动 CCUS 产业链示范及商业化应用。建议科技部、生态环境部、国家发改委等部委，发挥“集中力量办大事”的体制优势，通过多种方式储揽布局全球 CCUS 技术；支持能源化工等行业 CCUS 产业示范区建设。加速推进 CCUS 产业化集群建设；加快布局 CCUS 海洋管网规划布局和集群基础设施建设；支持和加大二氧化碳海底封存研发力度，保障 CCUS 技术攻坚。

（二）加强多学科融合交叉，创新发展海洋地质封存技术

海洋 CO_2 地质封存是一个历时千万年的矿物永久固碳过程。此过程涉及多种热—水—力—生—化—物过程，加强学科交叉，发展基于生化原理的 CO_2 地质封存调控方法，降低 CO_2 注入阻力，提高单位体积储量和固化效率，创新发展海洋 CO_2 地质封存技术。

（三）积极完善相关产业标准、政策，推动建立示范工程

研究并制定海洋 CO_2 地质封存产业健康发展系列引导政策，发挥封存关键核心技术开发应用，实现海上 CO_2 封存全流程、保安全、一体化发展格局。完善 CO_2 运输、封存相关环境法律法规；完善 CCUS 政策支持与标准规范体系；建议完善财税激励政策和法律法规体系，推出配套政策，完

善二氧化碳海底封存行业产业发展规划，加大对海洋碳封存技术开发财政投入力度，加强核心技术公关，定向补助已经实施或正要实施相关 CO_2 封存项目；进一步推动海上大规模 CO_2 封存示范工程的建立。

（四）积极深化开放合作与国际交流

积极参与国际 CCUS 海洋 CO_2 地质封存技术开发与合作，积极与欧美先进企业、高校展开国际合作，根据我国现实情况引进国外相关技术，形成我国特有的海洋 CO_2 地质封存标准，加强技术和人才交流，推广我国相关的应用经验和标准。对于我国成功封存项目，借助国际能源署温室气体研究与开发计划机构（IEAGHG）等平台，发布行业技术报告，吸引全球智力并交流经验。建设国家海洋 CO_2 地质封存数据库，实现全国和地方数据共享，深化发展。

第3篇　浙江省海洋碳减排的发展潜力与对策[①]

报告核心内容

海洋是全球最大的碳库，同时具有丰富的资源，在增加碳汇、发展清洁能源等方面潜力巨大，是应对气候变化的重要领域，当前各国已开始展开海洋领域碳减排的研究和规划。浙江省岸线海岛资源丰富，在海上风电、潮流能发电等方面处于领先地位，但是存在新能源利用与海洋生态保护之间有矛盾、部分技术尚处于起步阶段、部分关键技术仍然卡脖子等问题。因此，本报告梳理了当前浙江省海洋碳减排领域的技术现状，提出从出台政策方案、推动技术创新、加快产业链布局、推动相关标准政策制定、开展示范工程等方面促进海洋碳减排领域的发展。

气候变化已逐渐成为威胁人类生存和发展的重大挑战，如何应对气候变化、缓解其危害也已经成为世界各国政府以及学者共同关注的焦点课题。长久以来，很多减排计划和政策集中在“陆地”上，忽略了海洋能够提

① 本报告于2021年8月份撰写报送，获浙江省相关部门采纳，编入本书时做了适当调整。撰写人：叶观琼（浙江大学海洋学院副教授，农业农村部海洋牧场建设咨询委员会委员、中国海洋工程咨询协会海洋工程环境研究与咨询分会会员）。

供的贡献。[①②] 近年来,全球正在越来越重视海洋蕴含的减排潜力。联合国气候变化框架公约(UNFCCC)第二十五届缔约方大会(COP25)也发起了关于海洋的倡议[③]。美国、英国、澳大利亚、新西兰等国已纷纷开启海洋减排的措施和规划,美国甚至提出了《海洋气候解决方案法》。海洋拥有广阔的碳库和丰富的资源,提高海洋碳减排潜力能够有效提高自然碳汇,促进清洁能源发展,加快产业能级提升,助力我国碳达峰与碳中和目标实现。

一、应对全球气候变化必须挖掘海洋潜力

(一)海洋对浙江实现碳达峰碳中和目标意义重大

海洋作为全球最大的碳库,在很长一段时期内都不是应对气候变化的主战场。[④⑤] 联合国政府间气候变化专门委员会(IPCC)在 2014 年发布的气候变化综合报告以及 2018 年发布的 1.5℃特别报告才开始提出制定海洋气候变化的解决方案。[⑥⑦] 2019 年,可持续海洋经济高级别小组(HLP)发布了《海洋作为气候变化的解决方案》(*The Ocean as A Solution to*

---

① Cooley S R. ,Bello B. ,Bodansky D , et al. Overlooked Ocean Strategies to Address Climate Change[J]. Global Environmental Change, 2019, 59:101968.

② Gattuso J P, Magnan A K, Bopp L, et al. Ocean Solutions to Address Climate Change and Its Effects on Marine Ecosystems[J]. Frontiers in Marine Science, 2018: 337.

③ 赵鹏,谭论. 从马德里气候变化大会看《巴黎协定》时代蓝碳的发展[J]. 国土资源情报,2020(6):4.

④ Rau G H, McLeod E L, Hoegh-Guldberg O. The Need for New Ocean Conservation Strategies in A High-carbon Dioxide World[J]. Nature Climate Change, 2012, 2(10): 720-724.

⑤ Billé R, Kelly R, Biastoch A, et al. Taking Action Against Ocean Acidification: A Review of Management and Policy Options[J]. Environmental Management, 2013, 52(4): 761-779.

⑥ IPCC. Climate Change 2014: Synthesis Report [M]. Intergovernmental Panel on Climate Change, 2015.

⑦ IPCC. IPCC Special Report: Global Warming of 1. 5 C[M]. Intergovernmental Panel on Climate Change, 2018.

Climate Change)报告[①]，提出了全球基于海洋的解决方案在未来能够提供的减排潜力，主要包括海洋能、海洋运输、蓝碳生态系统、渔业、海洋地质碳封存等五大方面。目前，美国、英国、荷兰、澳大利亚、新西兰等海洋大国纷纷启动了海洋碳减排相关的技术研究或行动计划。据浙江大学课题组保守估计，2030 年我国基于这五大方面的海洋碳减排潜力可超过 1.5 亿吨/年。[②] 因此，海洋对双碳目标的达成有巨大潜力，我们要从省域加快开展示范性研究，加大科研力度，出台相关政策，率先制定浙江省海洋碳减排方案，形成海洋强省建设碳减排标杆，为我国抢占全球海洋碳减排治理的话语权提供科学方法和示范性政策制度。

（二）碳达峰碳中和目标引发全球海洋科技和产业调整

全球海洋强国海洋碳减排方案顶层设计都尚在陆续制定中，各国普遍集中在海上风电开发、海洋能利用、航运业碳排放控制、蓝碳生态系统修复增汇等分项。目前，全球仅有美国着手制定了较全面的政策法案，但未最终通过实施。可以预见，未来 10 年内海洋碳减排方案很有可能被列入各国自主碳减排方案，这将进一步推动全球海洋科技和产业的低碳革新。

美国于 2020 年 10 月提出《海洋气候解决方案法》(*Ocean-Based Climate Solutions Act*)[③]，至 2021 年 8 月，该法案已提交参议院进一步审议。该法案重点提出了以下几点具体措施：①减少二氧化碳排放，包括禁止新的海洋油气开采，海上风能 2030 年达到 25GW，严格管理船舶碳排放等；②修复增加蓝色碳汇，包括全面评估掌握蓝碳生态系统，增加联邦政府和州政府关键蓝碳生态系统修复保护资金，制订未来 10 年蓝碳生态系统

---

① Hoegh-Guldberg, O., Northrop, E., & Lubchenco, J. The Ocean Is Key to Achieving Climate and Societal Goals[J]. Science, 2019, 365(6460), 1372-1374.

② Feng C, Ye G, Jiang Q, et al. The Contribution of Ocean-Based Solutions to Carbon Reduction in China[J]. Science of The Total Environment, 2021, 797: 149168.

③ H. R. 3764 -Ocean-Based Climate Solutions Act of 2021 [EB/OL]. https://www.congress.gov/bill/117th-congress/house-bill/3764. 2021-06-08.

修复计划 6070km^2；③提升海岸带社区韧性；④支持气候保障渔业，包括提升渔业应对气候变化能力的新技术，拨付补偿金鼓励民众多食海产品（海产品相较于绝大部分肉类属于低碳、环保食物）等。

欧洲目前仍占据了海上风能、潮流能、波浪能等海洋可再生能源的全球领军地位。根据欧洲风能协会发布的 2020 年度欧洲海上风电统计数据，2020 年欧洲海上风电新增装机 291.8 万 kW，累计装机超过 25GW，2025 年可达 55GW。欧洲海洋能行业协会（Ocean Energy Europe）在最新发布的一份报告中预测[①]，到 2030 年，全球范围内潮流能、波浪能项目可能将达到 3GW，预计占全球总装机容量的 90%，潮汐能的成本将降至 90 欧元/兆瓦时（0.65 元/kW·h），波浪能的成本将降至 110 欧元/兆瓦时（0.8 元/kW·h）。2021 年 9 月，欧盟议会决定，从 2022 年开始将海运业纳入欧盟碳排放交易体系（European Union Emission Trading Scheme，EU ETS）。预计停靠在欧洲港口的 5000 总吨（GT）以上的船舶将成为实施对象，也包括往来欧洲海域内外的国际航行船舶。此外，英国、荷兰、丹麦、德国、法国、比利时等国已启动海上风电制氢项目，预计到 2025 年项目储备总计规模将达到 1600 万 kW。

由于蓝碳生态系统面积、储量为全球前三[②]，澳大利亚是国际上力推蓝色碳汇纳入国家温室气体清单机制的国家。澳大利亚、日本、智利等国已将基于海洋、海岸带的气候行动纳入国家自主贡献[③④]，正在组织参与推动蓝碳纳入气候变化谈判。日本通过参与 IEA/GHG 海洋碳封存国际共同研究计划及“与 CO_2 海洋封存相关的环境影响预测技术研发”计划，实

---

① Ocean Energy Europe. Ocean Energy: Key Trends and Statistics 2021 [M]. https://www.oceanenergy-europe.eu/category/publication-library/. 2022.

② Macreadie P I, Costa M D P, Atwood T B, et al. Blue Carbon as A Natural Climate Solution [J]. Nature Reviews Earth & Environment, 2021, 2(12): 826-839.

③ 赵鹏，胡学东. 国际蓝碳合作发展与中国的选择[J]. 海洋通报，2019，38(6)：7.

④ 王涛，刘倡，赵锐，邓丽静. 蓝碳生态系统温室气体清单编制方法研究[J/OL]. 海洋经济：1-17. [2022-04-12]. DOI:10.19426/j.cnki.cn12-1424/p.20210830.001.

现了30万吨级规模的海洋地质碳封存示范项目。

（三）我国高度重视利用海洋助力实现碳达峰碳中和目标

自习近平主席在联合国等七十五届大会上宣布中国力争2030年前实现碳达峰、2060年前实现碳中和目标以来，我国海洋碳减排相关技术发展迅速，但全面系统的海洋碳减排方案仍有待实践。我国海上风电技术日臻成熟、发展迅速，在2019年就已成为仅次于英国和德国的世界第三大海上风电国家[①]，海上风电技术也已进入大型化、规模化与商业化阶段，电价已控制到0.8～0.9元/kW·h。我国海上风电主要分布于江苏、福建、上海等地区，江苏占总装机的72.7%，居全国首位。国内主要的海上风机整机供应商包括上海电气、金风科技、明阳智能、远景能源、华锐风电、中国海装等，其中上海电气的市场占有率超过50%。但国内整机品牌还难以进入国外市场。中国并网的海上风电机组以4 MW为主。目前中国已经掌握5～7 MW海上风电整机集成技术，多家整机制造商正在开展10 MW机型的设计和样机生产，逐步缩小与欧洲的差距。海上风电直流送出方面，国内还处于理论研究向应用示范过渡阶段，已初步完成深远海大型汇流站设计及柔性直流传输技术研发等工作，但距离规模化应用还存在差距。

我国潮汐能、潮流能、波浪能等海洋能储量巨大，开发利用取得重要进展[②]，其中潮流能开发处于全球领先地位。浙江LHD林东新能源1.7MW机组项目2017年5月25日开始连续不间断并网运行，送电超231万kW·h，电价为2.58元/kW·h。世界单机最大LHD第四代1.6MW机组2022年1月下海发电并网运行。中国长江三峡集团0.45MW机组项目也已并网运行，送电超3万kW·h。浙江大学研发的0.81MW清洁能源机组项目，其风能、太阳能、潮流能联合向国家电网送电12万kW·h。此外，哈尔滨

① 时智勇，王彩霞，李琼慧．“十四五”中国海上风电发展关键问题[J]．中国电力，2020，53(07)：8-17．

② 薛碧颖，陈斌，邹亮．我国海洋无碳能源调查与开发利用主要进展[J]．中国地质调查，2021，8(04)：53-65．DOI：10.19388/j.zgdzdc.2021.04.06．

电机厂、哈尔滨工业大学、哈电发电设备国家工程研究中心有限公司、中国科学院电工研究所、中国节能环保集团、国电联合动力技术有限公司、杭州江河水电科技股份有限公司、中海油新能源研究院、东北电力大学均有机组容量不超过 1MW 的海洋潮流能发电项目研发,有待进一步并网运行。

我国海水制氢技术研发起步较晚,进展较为缓慢。[①] 目前尚无成熟商业运行的风电制氢储能和燃料电池发电系统,大规模风电制氢储能的示范工程设计经验不足,在系统的关键性技术、效率提升和经济性方面未能取得实质性的进展。广东省、青岛市、漳州市、大连市、中海油已陆续制定相关海水制氢规划,计划通过海上风电制氢、储氢、运氢以及氢能利用等培育氢能产业链条。

我国是全球第三个开展大规模离岸咸水层碳封存的国家,但在现场数据分析、施工技术等方面仍与国际先进水平存在差距。[②] 中国海洋石油集团有限公司开展适应海上二氧化碳封存的地质油藏、钻完井和工程一体化关键技术研究,成功研发了海上平台二氧化碳捕集、处理、注入、封存和监测的全套技术和装备体系,填补了我国海上二氧化碳封存技术的空白。2021 年 8 月,中海油启动了我国首个海上二氧化碳封存示范工程,将海上油田开发伴生二氧化碳永久封存于南海珠江口盆地 800 米深海底储层,每年可封存二氧化碳约 30 万吨,总计超 146 万吨。

我国蓝碳生态系统面积在全球排名第 11,年封存量全球排名第 14;蓝碳埋藏价值全球排名第 24(基于我国碳交易价格),预计每年可以埋藏 156 万吨二氧化碳,蓝碳修复增汇潜力较大。但目前在碳汇观测与估算、碳汇机理研究、修复增汇关键技术、碳汇标准与碳交易机制等方面的研究仍不

---

① 万晶晶,张军,王友转,张丽佳,董星.海水制氢技术发展现状与展望[J/OL].世界科技研究与发展:1-10.[2022-04-12].DOI:10.16507/j.issn.1006-6055.2021.09.001.

② 张贤,李阳,马乔,刘玲娜.我国碳捕集利用与封存技术发展研究[J].中国工程科学,2021(06):70-80.

成熟，也未正式纳入国家自主碳减排清单。[①] 我国蓝碳主要研究团队包括厦门大学焦念志、戴民汉院士团队，自然资源部第三海洋研究所陈彬团队，自然资源部第二海洋研究所潘德炉院士团队，华东师范大学唐剑武团队和浙江大学吴嘉平团队等。同时，厦门大学成立了福建省海洋碳汇重点实验室，威海市启动国内首个蓝碳主题实验基地——海洋生态保护修复（蓝碳）实验基地。自然资源部第三海洋研究所牵头的湛江红树林造林项目成为国内首个符合核证碳标准（VCS）的红树林碳汇项目，签发首期减排量 4000 吨。[②]

我国海运业碳排放相关研究和政策尚处于起步阶段，但随着 IMO（国际海事组织）、欧盟、美国相继将海运业纳入碳排放管理体系，须尽早开展相关科学研究和政策制定，以免陷于被动地位。

二、浙江海洋事业绿色发展情况存在的主要问题

作为海洋、滩涂、港口、渔业、新能源大省，浙江省海域面积 26 万 km^2（领海和内水面积 4.4 万 km^2），海岛数量和海岸线长度均居全国第一；滩涂面积近 2300km^2，稳居全国前三；海上风能储量预计达 62GW，潮流能储量高达 4GW，位列全国首位；海洋综合碳减排潜力得天独厚。浙江省海上风电发展相对成熟，预计建成核准的风机容量达 2.32GW，投资额达 410 亿元，预计碳减排量达每年 207 万吨；潮流能连续发电达 231 万 kW · h，预计碳减排量达 1044 吨；据测算，现有红树林 393 公顷，盐沼 19808 公顷，预计年碳埋藏量可达 8.3 万吨。全省 2020 年水运船舶共计 13479 艘，预计排放二氧化碳约 1145 万吨，在船舶从使用渣油转向船用轻柴油的情景

① 邢庆会，于彩芬，廖国祥，雷威，卢伟志，徐雪梅，刘长安. 浅析我国海岸带蓝碳应对气候变化的发展研究[J]. 海洋环境科学，2022，41(01)：1-7. DOI：10.13634/j. cnki. mes. 2022. 01. 001.

② 陈光程. 我国成功交易首个“蓝碳”碳汇项目[J]. 应用海洋学学报，2021(03)：555-556.

下，每年约可减排 50 万吨 CO_2。综上，海上风电贡献量最大，海运业碳减排潜力较大，至 2030 年预计全省海洋综合碳减排能力可达 400 万吨/年。

但是在海洋碳减排潜力开发方面面临着以下突出问题：

一是海洋新能源利用与海洋生态保护之间的矛盾依然存在。例如海上风电工程场地灾害成因机制与评价关键技术不成熟，勘测装备的集成化智能化、离岸智慧化管理技术较为落后；潮流能、风能资源丰富的区域可能与海洋生态红线保护区冲突，开发空间受限。

二是除海洋能源外的海洋碳减排方案未纳入国家自主碳减排清单。海运业、蓝碳、离岸碳封存实现的碳减排量由于标准、技术和政策的不完备，均未列入国家自主碳减排清单，相关政策有待完善，投融资渠道尚不明确。

三是部分技术尚处于起步阶段，发展风险较大。例如，在海水制氢方面，全球都处于起步阶段，制氢成本居高不下，输储运能力有待建设，对海洋环境的影响尚不明确；潮流能发电输电规模偏小，全国均属于试点时期，也未有相关电价政策支持推动；漂浮式风电开发成本高，运维成本和风险更高。

四是部分关键技术仍然卡脖子。例如基于真双极的海上风电柔性直流输电技术的成套设计、核心装备等技术受到国外技术封锁，大功率压接式 IGBT 的关键芯片、模块及应用技术研制存在瓶颈；储氢关键技术中膜电极、双极板、气体扩散层、催化剂等高端组件与关键材料仍无法实现国产化。

三、加快浙江省海洋碳减排领域发展的对策建议

一是出台《浙江省海洋碳减排方案》。明确从海洋新能源利用（风能、潮流能、氢能）、海洋运输减排、滨海蓝碳增汇、渔业碳汇、离岸碳封存五大

领域全面开展海洋碳减排核算、科技攻关与产业推进，争取将五大领域碳减排量纳入国家自主碳减排清单。

二是推动技术创新联合攻关项目建设。利用省内海上风电、潮流能、海水制氢研发优势，联合优势单位，开展海上风电/潮流能/海水制氢输电技术、储能技术等核心关键技术攻关，三年内实现示范应用，抢占国内技术领先地位。

三是加快布局省内海洋碳减排产业链。重点发展海上风电、潮流能为主的新能源产业，联合海洋牧场、滨海旅游等绿色海洋产业，培育新能源—渔业—旅游一体化碳减排产业链。

四是推动海洋碳减排相关标准政策制定。尽快出台海洋碳减排方案监测和评估标准，包括蓝碳生态系统、船舶碳减排、渔业碳汇（包括摄食海产品实现的碳减排量）；推动海上制氢、离岸碳封存应用的标准与相关的法规政策制定。

五是尽快开展海洋离岸碳封存示范工程。海底碳封存潜力巨大，须尽快开展选址工作，选择沿岸的火电厂、水泥厂、化工厂、垃圾燃烧等作为集中碳排放源，利用管道输运捕集到的 CO_2 进行海下封存，建成10万吨级海洋离岸碳封存示范工程。做好 CO_2 泄漏的检测技术与设备研发、CO_2 泄漏防范与补救技术以及海洋碳封存的生态后效研究。

第4篇　我国绿色低碳技术发展瓶颈与对策[①]

报告核心内容

碳中和的目标是建成碳净零排放社会，实现碳中和的坚定决心将深刻影响中国的能源结构、工业生产与消费方式。当前我国发展绿色低碳技术面临供能、采纳、商业化和规划布局等方面的重大瓶颈。本报告建议：一是强化顶层设计，明确技术瓶颈，制定规划与技术路线图；二是扩大财政投入，加快绿色低碳关键核心技术研发；三是发挥数据资源优势和绿色金融资本作用，促进绿色低碳技术产业化发展；四是积极推动技术标准创新和法规建设，深度参与国际标准制定。

2060年前实现碳中和是中国融入新时期全球产业链，构建人类命运共同体的关键决策，将给中国发展带来深刻变革。实现碳中和的关键在于

① 本报告于2021年4月撰写报送，受到国家有关部门重视，编入本书时做了适当调整。撰写人：金珺（浙江大学创新管理与持续竞争力研究中心副教授）、吴伟（浙江大学中国科教战略研究院副研究员）、高超超（浙江大学环境与资源学院副教授）等。咨询专家：常纪文（国务院发展研究中心资源环境研究所副所长，研究员）、高翔（中国工程院院士，浙江大学能源工程学院院长）、蔡国田（中国科学院广州能源研究所研究员）、陈凯华（中国科学院科技战略咨询研究院研究员）、郑津洋（中国工程院院士，浙江大学能源工程学院教授）、万劲波（中国科学院科技战略咨询研究院研究员）等。

大范围推广绿色低碳技术，促进清洁能源系统建设和应用，最终实现技术、经济和社会的全系统转型。本报告剖析绿色低碳技术发展中的清洁电力系统、核心技术、商业化等方面面临的主要瓶颈，并从技术发展体制机制、技术规划、技术投资和技术扩散角度提出实现净零排放的绿色低碳技术发展的对策建议。

一、我国绿色低碳技术发展面临的主要瓶颈

绿色低碳技术主要包括新能源技术、能效提高技术、降低或抵消碳排放技术等。我国新能源技术和低碳节能技术发展迅速，但仍面临重大瓶颈，突出表现为：

一是缺少系统全面的绿色低碳技术发展规划与路线图。对主要绿色低碳技术发展情况的摸排清查、情境分析与系统规划还非常不够，没有对绿色低碳技术基础研究和应用研究进行前瞻性布局，技术上的跟随特征比较明显。例如，制氢技术尚未得到根本性突破，成本依然是氢能在能源消耗端的关键掣肘，氢燃料电池车用氢气成本在 60 元/kg 左右，远高于油氢平衡点的 30～35 元/kg，难以被普通乘用车市场所接受。[①] 同时，技术线路图的引导欠缺影响了企业对绿色低碳技术发展趋势进行研判，从而限制了企业本身及时跟进并支持绿色低碳技术的工程试验和商用化建设。在一些低碳技术领域，如电动船舶、生物质电厂碳捕获和封存、氢能技术研究等方面仍明显落后于发达国家，煤电厂碳捕获和封存、大规格热泵、绿色建筑[②]等已经处于早期的应用技术却还没有得到充分的重视与布局。此外，储能市场还没有建立基于系统处理能力、生命周期度电成本等核心价值点

---

① 参见中信证券研究部 2021 年 4 月发布的《碳中和专题研究报告》。

② 绿色建筑是指在建筑的全寿命周期内，最大限度地节约资源，保护环境和减少污染，为人们提供健康、适用和高效的使用空间，与自然和谐共生的建筑。

的商业模式，在能量效率、寿命、安全、关键控制参数等方面存在模糊地带。

二是保障能源系统净零排放的100%清洁能源电力系统转型任重道远。当前能源活动碳排放占总碳排放的85.5%，其中发电业约占总碳排放的37.6%，是最大的碳排放源。当前及未来较长时间内，我国能源需求依然处于增长阶段。使用光伏、风电、水电等清洁能源，能最大程度上替代传统火电，助推能源消费结构优化，力争实现100%清洁能源电力系统转型。尽管风电、光伏发电技术快速迭代，发电成本持续下降，可是由于新能源发电随机、波动性强、预测难度大，大规模的并网会造成电网电压、电流和频率的波动，极大增加了电网平衡困难，从而影响电能质量甚至威胁到国家电网的安全运行。火电是电网平衡的最关键电源，近年来国家持续推进其灵活性升级改造，保障新能源高水平消纳利用。随着改造陆续完工，新能源消纳能力已接近极限，进而需要采取更多措施，如加快电化学储能建设，以此推进电网平衡发展。除此之外，100%清洁能源电力系统需要建设装机容量大、可容纳巨型设备的新能源电厂，如大规模的海上风电场。但是，目前施工设备革新无法满足新能源发电技术和电厂建设的发展需求，例如，海上船机等施工资源不足以至影响建设进度，就是海上风电最大的瓶颈。①

三是清洁能源、工业节能、生态碳汇与碳捕获等核心技术亟待突破。净零排放实现要借助于电气化和智能化技术，把以清洁能源技术为核心的绿色低碳技术广泛应用于工业、运输业等行业。工业电气化的解决方案是发展低成本、高效率的战略性长时储能系统，特别是发展以氢能为中介的储能技术。日本在福岛核事故之后就大力支持氢能储能项目，将氢气作为清洁能源使用在燃料电池热电联供系统中。美国、英国也均开始国家级储能技术研发设施建设，力图实现储能技术突破。我国虽然发布了《关于促进我国储能技术与产业发展的指导意见》等文件，但技术和成本上尚未取

① 王秀强.海上风电“抢装”情非得已，平价之路道阻且长[J].能源，2021(02):47-48.

得实质性突破，特别是替代、分解、回收等技术瓶颈明显，尚难以满足大规模储能场景需求。目前新能源发电、轨道交通、智能电网、航空航天、电动汽车等领域装置的核心部件 IGBT[①] 等功率半导体严重依赖进口，技术被英飞凌[②]、三菱、富士电机等国外巨头长期垄断，这些企业占据全球 68.8% 的市场份额。[③] 清洁能源系统智能化发展则受芯片、算力等瓶颈制约，如智能的新能源电力系统的芯片设计和生产、智能车辆的芯片等技术都不掌握在我国企业手中，只是由于还未进入大规模市场化阶段，这些问题还没有受到充分关注。

四是高成本和低回报限制了绿色低碳技术商用化普及。碳捕获、利用和储存(CCUS)[④]技术是重要的脱碳技术。IPCC[⑤] 预测，假如没有 CCUS 技术的应用，人类实现 2℃温升目标的减排成本将会增长 138%。[⑥] 但受制于高投资和高风险，中国对 CCUS 技术支持的单位强度远低于对其他低碳技术的支持力度，导致其商业化进程被限制。绿色建筑方面，据清华大学建筑节能中心测算，2019 年我国建筑领域碳排放总量约为 22 亿吨二氧

---

① IGBT(Insulated Gate Bipolar Transistor)，绝缘栅双极型晶体管，是由 BJT(双极型三极管)和 MOS(绝缘栅型场效应管)组成的复合全控型电压驱动式功率半导体器件，兼有 MOSFET 的高输入阻抗和 GTR 的低导通压降两方面的优点。

② 英飞凌科技股份公司，全球十大芯片制造商之一，车用半导体龙头企业。在国内新能源汽车 IGBT 模块市场中，英飞凌 2019 年市场份额占比 58.2%，处于绝对领先地位。

③ 潘卓伟，刘会景. IGBT 发展现状及趋势分析[J]. 集成电路应用，2022(02)：32-34.

④ CCUS(Carbon Capture，Utilization and Storage)，碳捕获、利用与封存是应对全球气候变化的关键技术之一，即把生产过程中排放的二氧化碳进行提纯，继而投入到新的生产过程中进行循环再利用。与 CCS 相比，CCUS 可以将二氧化碳资源化，能产生经济效益，更具有现实操作性。

⑤ IPCC(Intergovernmental Panel on Climate Change)，联合国政府间气候变化专门委员会是世界气象组织(WMO)及联合国环境规划署(UNEP)于 1988 年联合建立的政府间机构，其主要任务是对气候变化科学知识的现状，气候变化对社会、经济的潜在影响以及如何适应和减缓气候变化的可能对策进行评估。

⑥ IPCC. 2014. Climate Change 2014：Synthesis Report. Contribution of Working Groups Ⅰ，Ⅱ and Ⅲ to the Fifth Assessment Report of the Intergovernmental Panel on Climate Change [R]. 2014.

化碳，约占全社会排放总量的22%，[①]但是由于绿色低碳的建筑供热和制冷系统等绿色建筑技术成本投入过大，短期回报不显著，造成这类技术应用存在障碍。

二、我国绿色低碳技术发展的对策建议

为稳步实现2030年碳达峰和2060年碳中和目标，针对当前我国绿色低碳技术发展的瓶颈问题，建议：

一是强化顶层设计，明确技术瓶颈，制定规划与技术路线图。借鉴国际能源署2020年能源技术展望报告中提出的低碳技术和低碳技术成熟度分类，描绘我国绿色低碳技术图谱和现状，跟踪关键技术突破进展，明确我国绿色低碳技术发展中的“卡脖子”技术和“卡脚脖子”技术，例如大型海上风场建设的施工设备技术、功率半导体国产化技术等。评估前沿低碳技术大规模应用的综合影响，系统谋划“碳中和国家”建设的技术路线图，在能源结构调整、产业结构转型、工业节能技术突破、建筑与交通减排等方面制定低碳技术发展路线图，实现技术创新和产业发展统筹。规划新能源技术电网基础设施和碳捕获、利用和储存技术基础设施建设，制定储能技术规范标准以及分布式光伏、建筑光伏一体化等接入安全和人身安全标准，在保持电力系统稳定、安全和韧性的基础上推动能源结构转型。

二是扩大财政投入，加快绿色低碳关键核心技术研发。发挥关键核心技术开发应用对产业链、供应链的稳定带动作用，实现绿色低碳技术全链条的自主可控，构建绿色低碳技术研发、扩散和应用的新发展格局，同步推进“降碳”和“负碳”技术开发。集中攻关针对数字化与低碳化协同的分布式能源系统支撑技术、功率半导体技术、电力电子新材料、重点领域近零排

① 参见清华大学建筑节能研究中心2021年3月发布的《2021年中国建筑节能年度发展研究报告》。

放技术、非二氧化碳减排关键技术、CCUS技术和生态系统固碳增汇技术等。设置“可再生能源＋工业的工程技术”专项支持计划，加大可再生能源与工业应用相结合的应用技术和工程研发，例如水泥电气化生产技术研发、煤矿和油气的碳捕获和储存技术应用、建立多个碳捕获集群等。设置跨领域绿色低碳技术专项资金，支持发展绿色低碳技术领域基础共性技术、关键技术以及配套关键材料、零部件技术等，以及信息技术、数字技术、智能技术与绿色低碳技术的综合化场景应用示范。设立新能源人工智能创新平台，研发基于高渗透率分布式能源情景的能源操作系统。鼓励新能源企业优先使用基于中国根技术的自主可控的芯片和基础软件，加大各类应用软件的研发力度。

三是发挥数据资源优势和绿色金融资本作用，促进绿色低碳技术产业化发展。建立数据体系与大数据平台，做好数据监控与数据信息支持工作，形成碳中和能源产业转型与技术创新数据资料库。引导金融机构将低碳、绿色投资的潜在社会收益纳入其投资和风险管理考量，促进金融机构业务调整，加大资本市场对低碳转型的支持力度。建立健全国家用能权与碳排放权交易市场，加快扩大碳排放交易市场的覆盖范围，为企业提供合理的减排成本预期。建设低碳产业集群和零碳产业集群试点，推动企业接受和应用绿色低碳技术。探索基于人工智能技术的新能源绿色融资体系创新，探索新能源项目的证券化，进而与碳市场深度融合，建设电碳合一市场。推进光伏、充电桩、电动车辆等分散式碳减排项目的绿色金融由产业链金融向普惠金融升级。

四是积极推动技术标准创新和法规建设，深度参与国际标准制定。高度重视绿色低碳技术产业标准体系建设，构建以绿色低碳能源技术使用为核心并涵盖清洁能源生产、传输、应用等方面的标准体系框架。规范新能源电网储能建设的设计、安装、并网性能评价标准。制定可再生能源法案，规范企业和个人的绿色低碳行为，规避企业和个人寻找在绿色低碳技术应用和碳交易市场规则中的漏洞。努力推动绿色低碳技术标准实施应用，发挥标准化在绿色低碳技术发展和产业化健康、规范、有序发展中的重要作用。充分发挥我国国内市场巨大的优势，快速积累应用数据，深入参与国际标准制定，在国际绿色低碳技术标准（如氢能、生物质能）制定中占据一席之地。在长三角区域（如江苏），联合欧洲公司共同孵化全球领先的样板项目，孵化国际行业标准。

第5篇　推动电力供应低碳转型发展[①]

报告核心内容

2021年，全国连续出现“限电潮”“涨价潮”，多个省份实行“拉闸限电”“有序用电”，其根本原因在于电力系统的结构性矛盾。如果“十四五”期间年均用电负荷增速为5%，2025年我国就将有超过1亿kW的电力负荷缺口；而在“双碳”情景下，电能占终端能源消费比重还将稳步提升，2030年、2060年将分别提高到35.7%、66.4%。综合考虑新冠肺炎疫情、国际政治经济形势、国内经济转型升级与高质量发展要求、能源结构转型以及电能替代加速等因素，我国电力行业低碳转型发展的深层次问题依然突出。为此，本报告建议从加强电力系统顶层设计、强化关键核心技术攻关、加强电力基础设施建设等方面入手，推动电力供应低碳转型。

---

① 本报告于2022年2月份撰写报送，编入本书时做了适当调整。撰写人：李拓宇（浙江大学中国科教战略研究院副研究员）、杨欢（浙江大学电气工程学院副院长、教授）、邓勇新（浙江大学公共管理学院博士研究生）、吴伟（浙江大学中国科教战略研究院副研究员）、陈婵（浙江大学政策研究室副主任）等，同时还要感谢撰写过程中咨询过的多位科技界专家。

一、我国电力系统低碳转型发展面临的挑战

“十三五”期间，受到新能源冲击和环保高压政策的影响，煤电市场空间受到很大挤压，煤电去产能给电力保供带来巨大压力。2021 年 12 月，中央经济工作会议提出，要立足以煤为主的基本国情，抓好煤炭清洁高效利用，增加新能源消纳能力，推动煤炭和新能源优化组合。[①] 2022 年 1 月，习近平总书记在中共中央政治局第三十六次集体学习时再次强调：“要坚持统筹谋划，在降碳的同时确保能源安全、产业链供应链安全、粮食安全，确保群众正常生活。”[②]

（一）煤电仍是我国电力供应的“压舱石”和“稳定器”，但其清洁高效发展仍存诸多堵点

煤电仍是我国现阶段电力保供的主力电源，其保电力、保电量、保调节的兜底保障作用在短期内难以改变：根据国家统计局发布的数据，2020 年，全国发电量 77790.6 亿 kW·h，其中，火电发电量 53302.5 亿 kW·h、占比达 68.5%。[③] 从电力（功率）保障作用看，2020 年煤电承担高峰负荷占比达到 73%，预计 2025、2030 年 62%、55%以上高峰负荷仍需煤电承担；从电量保障作用看，煤电发电量占比由 2020 年的 64%下降至 2025 年的 56%、2030 年的 48%[④]，但仍然是电力供应的主要来源。

煤电清洁高效发展成为电力系统低碳转型发展的关键。目前，100 万

---

① 人民网. 中央经济工作会议在北京举行[EB/OL]. http://finance.people.com.cn/n1/2021/1211/c1004-32305339.html. 2021-12-11.

② 新华社. 习近平主持中共中央政治局第三十六次集体学习并发表重要讲话[EB/OL]. http://www.gov.cn/xinwen/2022-01/25/content_5670359.htm. 2021-01-25.

③ 国家统计局. 中华人民共和国 2020 年国民经济和社会发展统计公报[EB/OL]. htpp://www.stats.gov.cn/tjsj/zxfb/202102/t20210228_1814159.html. 2021-02-28.

④ 中国能源报. 国网能源研究院张运洲：准确把握电力保供与降碳减排的关系[EB/OL]. http：来源 https://baijiahao.baidu.com/s? id=1717558232743837011&wfr=spider&for=pc. 2021-11-27.

kW及以上的大功率煤电机组，国内已经可以做到供电煤耗量在270余g标准煤/kW·h的水平，但中小型机组还有很大的效率提升空间。[①] 根据国家能源局公布的数据，2020年全国6000千瓦及以上火电厂供电标准煤耗为305.5g标准煤/kW·h，如果每kW·h电平均耗煤量能下降30g标准煤，国内由此减少相应的二氧化碳排放量约为4亿吨。[②]

我国煤电清洁高效发展仍然面临诸多问题：首先，提高燃煤发电机组整体效率仍任重而道远。目前来看，虽然煤电技术在转化效率、排放水平、发电性能等多项指标均处于国际先进水平，但应该看到，2020年全国煤电装机约10.8亿kW，仍有12%的煤电机组未达到超低排放限值，主要涉及燃用低挥发分无烟煤机组、未改造的循环流化床机组及部分小容量机组[③]；其次，在超临界二氧化碳发电技术、碳捕集利用与封存、煤气化燃料电池发电、燃煤耦合生物质发电等技术方面存在研发投入较低、攻关难度大、产业化推广成本高等问题，且仅靠煤电企业难以实现更大突破；最后，我国推动煤电清洁高效发展的顶层设计、激励措施和标准体系还不完善，相关部门在推进煤电清洁高效发展方面仍一定程度上存在各自为政问题，协同配合不足，配套支持政策落地难，有时兑现不及时、打折扣。

（二）可再生能源“靠天吃饭”对出电贡献存在较大不稳定性，新能源消纳能力仍需加强

可再生能源电力系统规划决策面临资源禀赋和运行双重不确定性。风、光、水等可再生能源发电受自然条件影响，其出力存在较大的不稳定性，随着在电网系统渗透率的增强，电能质量和电网稳定受到一定威胁。

---

① 清华大学原副校长、北京能源与环境学会名誉会长倪维斗院士.煤电提效潜力巨大，新能源多样化发展需要政策支持[EB/OL]. http://www.forestry.gov.cn/zlszz/4264/20211126/095232378667991.html. 2021-11-04.

② 国家能源局.国家统计局发布2020年全国电力工业统计数据[EB/OL]. http://www.nea.gov.cn/2021-01/201c.139683739.htm. 2021-01-20.

③ 中国电力企业联合会.中国电力行业年度发展报告2021[EB/OL]. https://baijiahao.baidu.com/s? id=1705223506408675763&wfr=spider&for=pc. 2021-07-14.

如英国能源结构较为单一，天然气发电占36%、风电占24%、煤炭发电占比仅为2%，容易受到天气和天然气供应因素导致电力短缺。[①] 截至2021年9月，英国由于“电荒”加剧，每MW·h电价涨到285英镑，打破了从1999年至今22年的历史纪录，该价格比2020年同期电价暴涨了7倍[②]；2021年美国得克萨斯州受暴风雪和极寒天气影响，部分风力发电和太阳能发电设施停止工作，超过300万人失去了电力供应。[③] 截至2020年，我国风电和光伏装机占比虽已提高至24%，但发电量仅占全社会用电量比重的9.68%，不足火电供给的1/7。[④] 如在2020年末寒潮期间，西北区域晚高峰负荷多日超过1亿kW，而超1亿kW的新能源装机出力仅为200万kW左右。[⑤] 近年来，我国“三弃”（弃风、弃光、弃水）现象虽有所好转，但形势依然不容乐观，部分地区“三弃”问题依然突出，如根据全国新能源消纳监测预警中心公布的2021年数据显示：西藏全年弃光率高达20%，青海全年弃光率为13.8%，蒙西地区全年弃风率达9%。[⑥]

我国现有储能技术研发与灵活性电源建设相对滞后。截至2020年，全国已投运储能项目累计装机规模为35.6GW，其中抽水蓄能装机占比89.3%，电化学储能装机规模仅占9.2%[⑦]，远不能支撑整个电网的调节需求。按同等连续充放电时间条件计算，当前电化学储能单位投资成本显著

---

① 中国能源报．气价与电价齐飞！欧洲迎史上最贵冬天[EB/OL]．https://m.thepaper.cn/baijiahao_16686965．2022-02-14．

② 上海证券报．电荒、燃气荒、油荒……英国能源危机仍未平息[EB/OL]．https://baijiahao.baidu.com/s?id=1712684371456928790&wfr=spider&for=pc．2021-10-04．

③ 澎湃新闻．美国得州的大停电不能让极寒天气“背锅”！[EB/OL]．https://www.thepaper.cn/newsDetail_forward_11389569．2021-02-20．

④ 中电传媒能源情报研究中心．中国能源大数据报告（2021）[EB/OL]．来源：https://www.sohu.com/a/473124612_121123746．2021-06-20．

⑤ 中国能源报．国网能源研究院张运洲：准确把握电力保供与降碳减排的关系[EB/OL]．https://baijiahao.baidu.com/s?id=1717558232743837011&wfr=spider&for=pc．2021-11-27．

⑥ 全国新能源消纳监测预警中心发布2021年1至12月全国新能源并网消纳情况[EB/OL]．http://news.sohu.com/a/521000908_418320．2022-02-07．

⑦ 前瞻产业研究院．中国储能电站行业市场前瞻与投资规划分析报告[EB/OL]．https://baijiahao.baidu.com/s?id=1699087943728235479&wfr=spider&for=pc．2022-01-12．

高于其他储能:电化学储能是火电的 2.4～12 倍、气电的 1.6～3 倍,抽水蓄能是电化学储能的 30%～50%。[①] 此外,电化学储能技术研究目前仍更多处于示范验证阶段,电化学储能产业链仍面临系统集成、度电成本、合理电价以及电池梯次利用与回收等问题,未来大规模商业化应用具有不确定性。

煤炭和可再生能源技术的互补与兼容体系尚不成熟。我国煤电与可再生能源协同互补的技术手段单一,大规模燃煤与可再生能源耦合发电技术尚不成熟,风、光等可再生能源大规模并网发电时对电网安全运行形成的潜在风险并未根除。此外,电网设施扩容升级和储能技术规模化应用推广等都无法在短时间内实现,电力服务需求多样化、个性化特征愈发明显,电源、电网、负荷各自为战的发展方式难以为继。我国可再生能源资源主要集中在三北和西南地区,而电力负荷中心则在华中和华东地区,现有跨区域电力外送通道利用率偏低(不足 60%)[②],配电网智能化水平不高,难以满足分布式可再生能源充分就地消纳需求。

二、关于推动电力系统低碳转型发展的若干建议

(一)加强电力系统顶层设计,稳妥规划电力转型节奏

一是加强对电力规划的统筹协调,加强部际、省部电力规划、电源与电网规划、可再生能源和常规电源规划协同,有效引导源网荷储协调发展,研究制定新型电力系统科技发展规划,编制电力行业碳中和技术发展路线图。

二是因地制宜,避免“运动式”减碳,统筹确定各省份、各行业的碳减排

---

① 元博,张运洲,鲁刚,等.电力系统中储能发展前景及应用关键问题研究[J].中国电力,2019,52(03):1-8.

② 郝鑫,孔英.电力行业碳中和的实现路径与对策[J].开放导报,2021(05):28-36.

预算，特别是进一步明确电力行业碳预算，科学制定电力行业低碳转型的时间表、路线图，细化电力装机规模、结构、地区分布，以及与电网规划配套、衔接等具体内容。

三是稳妥规划电力转型节奏，在积极稳妥发展水电、核电等非化石能源基础上，综合考虑电力供应保障、系统灵活调节资源等需求，滚动优化电力低碳转型路径，动态调整电力低碳转型发展节奏；积极采取传统煤电CCUS(碳捕获、利用与封存)改造、退役煤电转为应急备用机组等措施，预防因火电大规模快速退出而影响电力安全稳定供应的潜在风险。

（二）强化关键核心技术攻关，统筹电力系统全链条技术与产业布局

一是加强国家科技战略引领，建议围绕煤炭清洁低碳利用、储能等领域组建科研攻关大平台，将作为能源领域国家实验室的基地列入国家实验室发展规划，针对性部署领域重大专项攻关计划，集中力量、集中资源开展有组织科研。

二是明确技术创新主攻方向，强化新型电力系统核心技术攻关，在国家级科技计划中优先支持一批重大技术项目，尽快在燃煤高效清洁低碳发电、大规模低成本可再生能源发电、综合能源系统、新型储能与绿电绿氢协同利用、高比例新能源并网、先进核能安全利用与控制等技术方向取得突破。

三是加快先进技术研发、示范、规模化应用，构建与新型电力系统建设深度融合的“政产学研用”技术产业创新体系，持续加强煤电CCUS改造、深远海大规模风电场控制与输电、新型电力系统设备智能检测与运维等碳达峰碳中和关键技术研发和示范项目支持力度，完善配套的科技政策体系，促进电力行业高质量、可持续发展。

（三）加强电力基础设施建设，适应大规模可再生能源发电并网、储能规模化应用带来的新要求

一是加强跨省跨区域的电力传输设施建设，加快以“三华”特高压、川

渝特高压为核心的东西部同步电网建设，提升电网的安全稳定性、供电可靠性和设备利用率；加强跨区域电网互联互通，实现跨区域多能互补，增强可再生能源消纳能力；推动分布式微电网发展，重点提高微电网对可再生能源的分散开发利用，为整个电网体系的灵活发展提供助力。

二是推动新型储能规模化发展，鼓励建设系统友好型新能源电站，探索市场化商业模式，开展多能互补和源网荷储一体化运营示范，通过合理配置储能设施、提高能量转换效率、提升中长时间尺度新能源预测水平、智慧化调度运行等手段，提升新能源发电容量置信度，为电力系统提供必要的容量支撑和调节能力。

二是强化电力能源领域拔尖创新人才的战略储备，建议在持续加强电气、能源等传统学科建设和拔尖创新人才培养的基础上，鼓励高校在新能源、储能、碳汇、碳排放权交易等方向设置人才培育特区，建设一批绿色低碳领域未来技术学院、现代产业学院和示范性能源学院。深化产教融合，鼓励高校联合国家实验室体系、头部企业等开展产学合作协同育人项目，组建碳达峰碳中和产学研融合发展联盟，建设一批电力能源技术产学研融合创新平台。

第6篇　支撑“双碳”目标的新型电力系统[①]

报告核心内容

在全球气候变化和我国能源转型大背景下，碳达峰、碳中和战略目标的提出为我国电力能源绿色低碳转型和清洁能源安全高效利用指明了方向。其中，新型电力系统构建为“双碳”目标实现提供有力支撑，同时“双碳”目标也对新型电力系统提出更高要求。目前，我国新型电力系统建设仍存在新能源强不确定性需要进一步应对、能源转型面临“三元悖论”难题、系统安全稳定运行面临新挑战等问题。为此，本报告建议：一是围绕新能源为主体，重构电力系统的物理形态与基础理论研究；二是建设支撑新型电力系统的新型电力市场机制；三是推动新型电力系统的信息化、数字化、智能化要素发展，加快推动新型电力系统建设有效支撑“双碳”目标。

① 本报告于2022年5月份撰写报送，编入本书时做了适当调整。撰写人：万灿（浙江大学电气工程学院研究员）、吴伟（浙江大学中国科教战略研究院副研究员）、陈婵（浙江大学政策研究室副主任）等，同时还要感谢撰写过程中咨询过的多位科技界专家。

一、建设新型电力系统是有效支撑“双碳”目标的必由路径

（一）新型电力系统构建对“双碳”目标实现提供有力支撑

在全球气候变化的大背景下，传统化石能源导致的极端天气、环境污染、资源枯竭等问题日益凸显，环境保护与资源安全关乎人类社会的可持续发展。大力发展新能源，加速能源清洁低碳转型已成为世界各国的普遍共识和一致行动。2020年9月，国家主席习近平提出“中国力争2030年前实现碳达峰、2060年前实现碳中和”的战略目标，不仅体现了推动世界绿色低碳转型的大国担当，也为我国电力能源绿色低碳转型和清洁能源安全高效利用指明了方向。2020年，我国能源碳排放量达到99亿吨，占全球总量的31%；电力行业碳排放量占我国碳排放总量的37%，是煤炭消费和碳排放占比最大的单一行业。[①] 践行“双碳”目标，能源是主战场，电力是生力军。2021年3月，中央财经委员会第九次会议上提出构建以新能源为主体的新型电力系统战略，明确指出，“要构建清洁低碳安全高效的能源体系，控制化石能源总量，着力提高利用效能，实施新能源替代行动，深化电力体制改革，构建以新能源为主体的新型电力系统”。

构建新型电力系统，促进新能源的安全、清洁、高效消纳，在新能源安全可靠替代基础上，实现传统能源逐步退出，推动电力脱碳和能源清洁转型，不仅是贯彻落实我国能源安全新战略的重要举措，更是实现“双碳”目标的必由之路。一方面是能源供给侧清洁替代，构建多元清洁的能源供应

① 构建新型电力系统服务碳达峰碳中和[N/OL]. 国家电网报，2021-08-24：005. DOI：10.28266/n.cnki.ngjdw.2021.003079.

体系。截至2020年底，我国新能源累计装机容量达934GW，居世界首位。[①] 全国光伏、风电累计发电量7270亿kW·h，发电量占比稳步提高，新能源绿色电能替代作用日益凸显。“十三五”期间，通过煤电改造和系统提升，减少燃煤消耗2.5亿吨，减排二氧化碳当量4.5亿吨。[②] 另一方面是能源消费侧电能替代，在工业、交通、建筑等领域推进终端电气化转型和能效提升，有效减少温室气体排放，助力实现“双碳”目标。由此可见，构建新型电力系统对“双碳”目标的实现提供了有力支撑。

（二）“双碳”目标对新型电力系统提出更高要求

“双碳”目标的提出为新型电力系统构建带来了绝佳的发展机遇：预计到2030年，我国以风电、光伏为代表的新能源装机容量将超过12亿kW，装机占比将超过40%，电能终端消费占比将达到40%左右；预计到2060年，新能源发电量占比将超过60%，电能终端消费占比将超过70%。[③④] 依托“双碳”目标，进一步推动新能源技术的跨越式发展，促进高比例新能源并网消纳，是当前构建新型电力系统的关键所在；与此同时，不断提高电能终端消费占比，构建以电能为核心的清洁能源消费体系，将迎来巨大的发展机遇。

与此同时，“双碳”目标也对新型电力系统构建提出了更高要求：一是更加清洁低碳。新型电力系统的核心特征在于新能源占据主体地位，成为主要能源形式。随着我国“双碳”目标的推进，电力系统在电能生产、传输、消费全过程面临实现清洁化、低碳化的要求。首先是发电侧，采用新能源

---

① 国家能源局2021年一季度网上新闻发布会文字实录——国家能源局[EB/OL]. [2022-01-10]. http://www.nea.gov.cn/2021-01/30/c_139708580.htm.

② 肖先勇，郑子萱.“双碳”目标下新能源为主体的新型电力系统：贡献、关键技术与挑战[J/OL].工程科学与技术，2022，54(01)：47-59. DOI：10.15961/j.jsuese.202100656.

③ 项目综合报告编写组.《中国长期低碳发展战略与转型路径研究》综合报告[J].中国人口·资源与环境，2020，30(11)：1-25.

④ 舒印彪，张丽英，张运洲，等.我国电力碳达峰、碳中和路径研究[J].中国工程科学，2021，23(06)：1-14.

实现对传统化石能源的清洁替代,降低生产碳排放;其次是在输配电侧,提高传输效率,减小传输损耗;最后是用户侧,一方面挖掘分布式发电、储能系统等的灵活调节潜力,形成产消合一新模式;另一方面实现电能替代和能效提升,减少终端用能过程的碳排放。二是更加灵活可靠。安全是新型电力系统的基本要求。[①] 相比于传统火电等可控电源,以分布式风电、分布式光伏为代表的新能源具有很强的不确定性,其出力的随机性和波动性给新型电力系统的电力电量平衡带来巨大压力。新型电力系统需要具备更高的灵活性和可靠性,以有效应对高比例新能源接入下系统的强不确定性和脆弱性问题,充分发挥电网大范围资源配置能力,保证系统安全可靠运行。三是更加智能高效。首先是智能化,新型电力系统以智能电网为核心,借助现代信息技术、先进传感技术、人工智能、大数据等智能技术手段,实现智能化运行控制和管理交互。其次是高效性,随着高比例新能源和海量用户的广泛接入,新型电力系统需要具备更加灵活开放高效的市场机制,以实现更强的资源优化配置效率和更大的能源优化空间。最后是数字化,新型电力系统需要实现多网融合、数字赋能。在物理层,以新一代电力系统为基础,建立与天然气、交通、建筑等多个领域互联互通的综合能源网络;在信息层,逐步与现代通信网络融合,共同构建信息物理社会系统;在数据层,进行数字化转型,建设具有活力的电力能源数字生态。

二、我国新型电力系统建设面临的挑战

(一)新能源的不确定性需要进一步应对

“双碳”目标下的电力系统包括高比例的风电、光伏发电等在内的多种

---

① 张智刚,康重庆.碳中和目标下构建新型电力系统的挑战与展望[J/OL].中国电机工程学报,2022,42(08):2806-2819. DOI:10.13334/j.0258-8013.pcsee.220467.

新能源，出力具有极强的不确定性，在进行系统规划、运行控制时要确保系统的发电资源能适应各种风力、光伏出力场景。[①] 应维持系统备用、调频能力、惯性水平、安全稳定裕度等以确保电力系统安全可靠运行[②]，确保有足够的灵活性资源提供调峰和各种辅助服务。此外，新能源出力的强不确定性也给电力定价和电力市场设计带来重大挑战。

（二）能源转型面临“三元悖论”难题[③]

构建以新能源为主体的新型电力系统，是“双碳”背景下我国电力能源转型发展的方向。在我国建设新型电力系统、推进能源转型过程中，同样面临着“安全、公平、生态”难题。在化石能源向清洁能源转型过程中，能源供应保障能力面临巨大挑战，并且新能源比例的持续上升将威胁到电网的安全稳定运行。同时，为保障清洁能源安全高效利用，提升清洁能源的经济性和普惠性，仍需要进一步开发利用光伏、风电等清洁低碳能源，从而降低社会总体用能成本。[④]

（三）系统安全稳定运行面临新挑战

新型电力系统在延续交直流复杂大电网特征的同时，由于源网荷储各环节高度电力电子化，风光新能源大规模接入，将呈现低转动惯量、宽频域振荡、功角稳定特性复杂等新的动态特征[⑤]，将出现系统惯量降低、调频能

---

① 中国电力报．曾勇刚：构建新型电力系统面临的挑战有哪些[EB/OL]．https://power.in-en.com/html/power-2387579.shtml．2021-05-31．

② 南方电网报．构建新型电力系统面临的挑战[EB/OL]．https://news.bjx.com.cn/html/20210831/1173898.shtml．2021-08-31．

③ 融媒体中心，浙电 e 家．新型电力系统省级示范区怎么打造[EB/OL]．https://mp.weixin.qq.com/s/ynA7BbnT4z5nWC5AxQStgw．2021-07-21．

④ 中国能源报．“双碳”目标倒逼新型电力系统建设提速[EB/OL]．http://www.chinapower.com.cn/xw/sdyd/20210324/60684.html．2021-03-24．

⑤ 郭剑波．新型电力系统面临的挑战以及有关机制思考[EB/OL]．http://www.ceppc.org.cn/fzdt/hyqy/2021-11-09/1406.html．2021-11-09．

力下降、频率越限风险增加等问题[①]。同时,新能源对动态无功的支撑能力较弱,系统电压稳定问题和暂态过电压问题进一步突出,可能造成新能源大规模脱网或设备损坏。此外,以分布式光伏为代表的分布式新能源海量接入也将对电网安全稳定运行造成冲击,数量规模大、发电容量小的分布式新能源使系统调度运行更为复杂、优化控制难度加大。

三、关于推动新型电力系统建设支撑“双碳”目标的对策建议

(一)围绕新能源为主体,重构电力系统的物理形态与基础理论研究

以智慧能源与智慧城市融合发展、建设综合能源系统引领构建新型电力系统。以建设综合能源系统为载体,推动清洁电源替代、电能替代,优化多元储能配置和综合需求响应,实现以分布式光伏为代表的分布式能源高比例接入及就近消纳,发挥电力系统配置资源平台作用,以“源—网—荷—储”系统协调优化模式,不断提升电力系统灵活性和弹性恢复能力,并实现多能互联、绿色灵活的智慧能源与智慧城市融合发展,全面提升社会综合能效。

探索新型电力系统源网荷储协同演化路径,支撑系统电力电量平衡。新型电力系统下,随着新能源渗透率大幅提高,尤其是分布式光伏、多元储能及荷侧灵活性资源的大规模接入,亟须探索新型电力系统源网荷储协同演化路径,推动源网荷储一体化和多能互补发展,支撑新能源为主体的新型电力系统长周期的供需平衡和电力供应安全。

加强新型电力系统的基础性、交叉性理论研究,推动关键核心技术突

---

① 中国电力企业管理.新型电力系统的特征与挑战[EB/OL]. https://news.bjx.com.cn/html/20210830/1173370.shtml. 2021-08-30.

破。加强新能源功率预测、综合能源系统、新型储能、电碳协同、源网荷储多元协同调控、电力电子化电力系统稳定分析、电力系统人工智能等基础理论研究，发展多学科交叉融合的新型电力系统理论研究，推动关键核心技术突破，研究新型电力系统相关的新标准、新技术、新业态、新模式，推动相应的技术体系建设、技术试点和区域示范。

加强电力能源领域的科技创新人才、工程人才培养，推动产学研用一体化协同。立足长远规划和科技人员激励机制，基于产教融合，推动知名高校、头部企业的新型电力系统相关国家重点实验室、国家工程技术中心、国家认定企业技术中心、企业国家重点实验室等开展优秀人才培养。深化对新型电力系统全过程创新链条的统筹管理，以完善体制机制保障成果抚育、转化，激发应用自主技术的动力，促进研发向应用转移，形成创新价值链，并加大对能源科技平台与基础设施的投入，建立平台和基础设施的共享机制，大力促进科技成果转化和应用。

（二）建设支撑新型电力系统的新型电力市场机制

建设适应新型电力系统的电力零售市场体系。依托电力交易中心的综合优势，开展以灵活绿色为核心的电能量交易，实现中长期交易与现货交易协调、省间交易与省内交易协调、批发与零售协调；建设支撑电力市场交易的大数据共享服务平台，推动数据增值服务、综合能源服务、电碳融合服务和金融风险服务等新商业模式发展，实现资源配置的更优化。

建立体现多种不同电能价值的电力市场交易机制。在新能源大规模接入的背景下，由于新型电力系统的运行机理和稳定特性更为复杂，电能价值将更加复杂化。除了传统电力系统的容量价值、电量价值，电能还具有灵活性、安全性（如惯性、调频和备用）、绿色和弹性等多种不同的价值，使得问题更加复杂。需要分析“双碳”目标下的电能价值，建立灵活性资源和新型辅助服务交易机制。

围绕新能源为主体进行电力市场机制创新设计。充分考虑新能源发电边际成本低、系统消纳成本高的经济属性，以及波动性、随机性较大的物理特性，从市场模式、交易组织、交易品种等方面开展创新，在电力系统运行与控制中实现绿色电力优先执行。

（三）推动新型电力系统的信息化、数字化、智能化要素发展

应用大数据与人工智能技术实现新型电力系统智能运行。将新型电力系统与大数据、人工智能、互联网等技术深度融合，构建含电力物联网的基础设施，广泛应用先进通信技术、云计算技术等，在海量数据基础上，通过信息化、数字化、智能化技术实现新型电力系统的智能运行。

构建新型电力系统物理与功能形态的数字化架构，实现产配消运协同运行。建设数字化改造环境下基于数字驱动、数据融合、数字平台的新型电力系统物理与功能形态的数字化典型架构，实现新型电力系统数字世界与物理世界的实时交互与智能应用，实现源、网、荷、储各环节运行态势全景感知，以及生产、配送、消费、运营等多方面协同的透明运行。

构建新型电力基础设施与能源互联网协调发展。打造智慧能源高效利用的城市能源互联网，加快构建以电网为枢纽平台，各类能源互联互通、综合利用、绿色共享的现代电力能源生态体系，推动城市能源供应、配置、消费、服务全过程高效能利用，形成绿色集约的一体化运行格局，全面支撑各行业特别是传统高耗能行业的数字化转型升级，助力实现碳达峰总体目标，为实现碳中和奠定坚实基础。

第7篇 大范围限电事件与能源供应与开发政策调整[①]

报告核心内容

"十四五"时期,我国生态文明建设进入以降碳为重点战略方向,推动减污降碳协同增效,促进经济社会发展全面绿色转型,实现生态环境质量改善由量变到质变的关键时期,全社会的生产方式、生活方式都会产生重要变化。作为世界上最大的温室气体排放国,我国筹备多年的全国碳排放权交易机制于2021年7月16日启动。这是我国争取减少温室气体排放,在2030年前碳排放达到峰值、2060年前实现碳中和目标的重要步骤之一,也是人们期待已久的气候变化应对举措。然而2021年8月,我国许多地方出现了大范围限电事件,"限电潮"席卷全国20多个省市。限电原因较复杂,既有能源消费双控,又有煤电价格倒挂,还有区域调控管理问题等因素。本报告分析了我国大范围限电亟待解决的四个方面问题,并提出相应的建议举措。

---

① 本报告于2021年10月份撰写报送,获国家相关部门采纳,编入本书时做了适当调整。撰写人:张旭亮(浙江大学民营经济研究中心研究员)、秦诗立(浙江省发展规划研究院首席专家)、刘培林(浙江大学区域协调发展研究中心研究员)、钱滔(浙江大学区域协调发展研究中心博导)、杜立民(浙江大学民营经济研究中心教授)、宋湛(首都经济贸易大学教授)、张海霞(浙江工商大学执行院长、教授)等,同时还要感谢撰写过程中咨询过的多位科技界专家。

2021年9月,“限电潮”席卷全国20多省市,限电原因较复杂,既有能源消费双控,又有煤电价格倒挂,还有区域调控管理问题等因素。然而,大范围限电却给我国带来“双碳”目标实现压力、经济社会发展失序、社会群体事件突发、新能源供给稳定性待改进等一系列新问题,新挑战。包括出口持续增长与能源消费双控严格落实间的两难问题,高耗能企业转型阵痛与中小企业压力大增的两重问题,低电价供给、电价结构待优化与动力煤紧缺的三重问题,间歇性新能源出力骤减与亟需稳定供电问题等一系列现实亟待破解的问题,并提出相应对策建议,现实意义重大。

一、大范围限电事件暴露出亟待解决的问题

1. 出口持续增长与能源消费双控严格落实间的两难问题

当前距离2030年我国碳达峰目标仅有8年时间,年度能源消费双控压力日益增大。然而自2020年全球新冠肺炎疫情暴发以来,由于疫情控制良好,我国继续承担着全球制造业重任,出口呈现持续增长态势,这就存在我国制造业出口持续增长与能源消费双控不断严格要求的两难问题。数据显示,2020年国内万元生产总值能耗同比仅下降了0.1%,然而能源消费总量却上涨了2.2%[①],能源消费双控出现不降反升的局面。2021年,国家发改委连续印发《2021年上半年各地区能耗双控目标完成情况晴雨表》《完善能源消费强度和总量双控制度方案》等文件,各地能源消费双控逼近年终大考,被“点名”省市要想扭转局面,必须采取限电措施。多地限电已经影响到资本市场,10多家A股上市公司发公告称,由于供电紧张,

① 国家统计局.2020年分省(区、市)万元地区生产总值能耗降低率等指标公报[EB/OL].http://www.stats.gov.cn/xxgk/sjfb/zxfb2020/202108/t20210823_1820838.html.2021-08-23.

为响应当地“能耗双控”要求，上市公司本身或旗下子公司的生产线临时停产。[①] 这种目标式、任务式限电，引发了原材料和产品价格上涨，造成很多半成品在断电中的资源浪费，非但无益于节能减排、转变发展方式，反而给经济社会带来不必要的失序。

2. 高耗能企业转型阵痛与中小企业压力大增的两重问题

当前的限电事件明显与我国一直以来强调的经济稳增长和保就业等“六保、六稳”政策相违背，这么强制性地限电，无论是对大企业还是中小企业，至少都是沉重的打击。浙江省、江苏省和广东省等沿海制造业大省都受到限电影响，当地的高耗能企业都已停产，复工时间或是在延后，或是未定。环保督察、双高限制的政策还未消化，新一轮的限电措施叠加影响企业生产。“开二停五”“限产 90%”“几千家企业停限产”，不配合限电停工的企业，将面临政府部门强制查封。浙江省纺织重镇发布停电通知，覆盖 161 家企业。江苏省分级停限产，超 1000 家企业“开二停二”，纯碱企业开工率降幅或在 20%。广东省实施“开二停五”，只保留 15%以下总负荷；广东省全面开展节能诊断，推进生产线节能改造和绿色化升级。云南省对黄磷、工业硅实施 90%的产量削减。[②] 沿海城市中小企业更是直接被停电，无法正常生产，企业只能给工人放假。2021 年 9 月 20 日，温州市很多中小型企业在温州市府路抗议限电，大范围限电实际已经引发了社会的不稳定。

3. 低电价供给、电价结构待优化与动力煤紧缺的三重问题

目前全国大范围限电，还归根于长期低电价供给造成了电力系统内部大量的市场扭曲现象。许多地区在出现拉闸限电的紧急情况下，仍有很大比例的火电设备报修报停，其原因就在于煤价大涨导致发电成本增加，而

① 每日经济新闻. 多地“能耗双控”动真格[EB/OL]. https://baijiahao.baidu.com/s?id=1711795122954187787&wfr=spider&for=pc. 2021-09-24.

② 腾讯网. 限电、限产席卷多个省份：开二停五、限产 90%[EB/OL]. https://new.qq.com/rain/a/20210925A012UD00. 2021-09-29.

电价并未随之增加，这就造成发电越多，企业亏损越多，发电企业缺乏保供的动力和积极性。因为今年所有大宗商品都在涨价，这给中下游企业正常经营带来巨大困难，为稳定物价，国家不敢轻易上调发电厂的上网电价，于是发电厂发电越多亏损越大，而且随着近来电煤价格的飞涨，一些发电厂宁可被国家监管部门罚款，也要以设备检修、煤炭库存不足为由，尽量少发电。此外，问题的复杂性在于，即使国家给予电厂一定补贴，或者提高上网电价，动力煤（即俗称电煤）仍然存在较大的供应缺口，目前一些电厂和南方一些煤炭港口的电煤库存确实严重不足。海关数据显示，2021年1～6月我国煤炭进口13956.1万吨，同比下降19.7%，减少了3400万吨，下降幅度相当大。[①]

4. 间歇性新能源出力骤减与亟需稳定供电问题

2021年9月中旬以来，江苏、广东、云南、浙江、山东、湖南、辽宁、吉林、黑龙江等20多个省份相继启动有序用电甚至限电措施，多地工业企业被要求"开三停四""开二停五"甚至"开一停六"错峰用电。然而，东北三省也出现罕见限电，原因为：一是煤价高企、成本严重倒挂导致当地火电企业普遍亏损，电厂既缺煤、发电意愿也不高。二是东北要保持部分电力外送，导致限电波及民生。三是间歇性新能源出力意外骤减导致的电力供需形势恶化。因为用电负荷高峰出现在晚上，所以太阳能发电也就是光伏发电没有出力；9月23日至25日，东北地区由于风电供应骤减，电力供应缺口进一步增加至严重级别；近期又赶上东北枯水期，水电装机也没有出上力；天然气发电装机亦遇上供暖用气高峰，气电有一半左右没有出上力。四是东北地区近年来电力富余，已有20年未发生限电，因此在制定和执行有序用电方案的深度、精度上存在不足。多种因素叠加，导致了东北地区供电难度大幅升级。

① 新华网.中国大宗能源商品进口涨跌不一[EB/OL]. http://www.xinhuanet.com/energy/20210728/ef71ed145edc43379dbd9e3ba32c400f/c.html.2021-07-28.

二、相关建议举措

1. 坚决纠正简单运动式“减碳”

坚持全国一盘棋，坚决纠正运动式“减碳”。建议国家发改委在制定2030年前碳达峰行动方案时，应充分考虑全球疫情持续背景下，中国出口将延续高增长态势，由此应调低“十四五”时期的减碳压力，对单位国内生产总值能耗和二氧化碳排放要求进一步放宽松。建议国家发改委在各地区能耗双控目标完成情况监察时，考虑珠三角、长三角、京津冀等出口需求与全球供应链担当，对这些出口承担区域按出口规模放宽能耗双控要求。

2. 未来几年仍需稳定火电供应

随着碳中和对于煤炭产能的限制，以及火电新增装机增速的下降，火力发电量增速将从2021年的5.6％降至2025年的1.3％；风电和光伏的新增装机量不断提升，其每年的发电增速将维持在10％以上。[①] 然而，在这样一个电力结构转换中，我国电力供应增速将持续低于电力需求增速，存在一定的供需缺口。而在整个转换过程中，火电供应的稳定性也将关系到电力结构在未来几年的平稳过渡。新能源发电还不能承担起当前电力结构供应的主导型重任。

3. 加快发展储能、特高压技术

加快推进储能发展规划与布局，探索源网荷储协调发展。实施“新能源＋储能＋调相机”发展模式，采用风/光＋储能电源建设模式逐步推进储能试点项目建设，建议新能源电源同步配套建设储能电源，建设一批“风光水火储一体化”及“源网荷储一体化”示范项目并逐步推广。加快推进送端

---

① 东方财富网.全球电力电源结构出现“未立先破”，新能源电力供给续航能力遭受前所未有的挑战[EB/OL]. http://guba.eastmoney.com/news,600011,1088978654.html. 2022-04-02.

直流配套电源建设进度，尤其是以火电＋风光电打包外送的特高压线路配套电源点投产进度。同时，加快特高压交流主网架建设，有利于提升输电能力和水平。

4. 鼓励企业搭建屋顶光伏设施

加强环保引导与资金支持，鼓励企业利用屋顶光伏。在碳中和、碳达峰目标下，企业可以引入屋顶分布式光伏系统，自产清洁绿电，缓解限电对企业造成的影响。不但可以解决企业错峰限电的一些用电问题，还可以使企业降低能耗，缓解国家电网供电压力，同时还可参与“碳中和，碳达峰”国家能源政策，为国家实行节能减排作出贡献。

5. 多途径全力增加煤炭供给量

在确保安全的前提下全力实施煤炭增产增供。指导煤炭主产区和重点企业，科学制订生产计划，安全有效释放先进产能。适度增加煤炭进口。支持企业用好国际资源，保持适度进口规模，有效补充国内供应。着力提升存煤水平。支持地方和企业加强煤炭储备能力建设，准备一定规模应急储备资源，着力增加电厂存煤。

6. 实施数智化的精准错峰用电

加强基于大数据、人工智能等技术的用电负荷走势预测分析，建立以数字化预警、监测、分析三大模块为核心的电力监控信息平台，实现电力上中下游与外部因素的全过程监控与预测分析，全面提高负荷预测准确率，做到提前感知提前决策。根据国家重大产业发展、重要战略布局情况，评估筛选重点用电用户，制定“保重点”的应急电力方案，并完成对其他用户的梯度供电安排。根据监控信息平台的预测，提前引导各生产企业适当调整生产安排，将“削峰填谷”影响降到最低，力争错峰用电不减产。

7. 深化电力跨区跨省供应改革

充分提升跨区跨省通道的输送能力，大幅增强华中、西北、西南等地区电网的省间联络能力，建立跨区跨省供电联盟，提高特高压输电效率。进一步完善跨网电力消纳机制、跨区跨省电能交易价格机制，引入电网售电量与售电收入脱钩机制，建立与脱钩机制实施配套的绩效激励机制，科学制定配套的利益分享机制，保证跨网跨区跨省送受两端涉及地方政府、发电企业和电网公司三方之间的既得利益。

8. 优化新能源供应规模与技术

发展新能源，不仅要考虑低谷调峰问题，还要重视高峰电力平衡问题。各省应根据实际情况制定科学合理的能源电力供应结构，在保障原料供应稳定安全的前提下启动“煤改气”，稳步减少对煤炭发电的依赖。同时继续加强在新能源发电的有效电力输出、配电网建设、储能和调节机制等方面的研究和技术攻关，谋划在适合的地方布局一批储能蓄能项目等，积极引导整体电力在完成安全供应保障的前提下，全面实现绿色化清洁化升级，助力我国“碳达峰”“碳中和”行动。

第8篇　加快氢能技术创新与产业发展[①]

报告核心内容

氢能的规模化应用对于优化能源结构、减少能源电力系统碳排放、促进能源应用领域脱碳等潜力巨大，是全球能源革命的重要突破口之一，主要发达国家都在加速氢能技术布局和氢能经济发展。我国氢能资源丰富，但在利用上仍面临产业链各环节技术滞后、基础设施建设不完善以及作为甲类危化品管制过严、市场化发展缓慢等主要瓶颈。为此，本报告建议从提高氢能源战略地位、攻关关键核心技术、创新氢能技术标准、完善产业化政策、深化国际合作与交流等方面入手，全力保障碳达峰与碳中和目标如期实现。

全球性气候变化形势严峻，低碳转型发展势在必行。氢能是一种高效清洁的能源形式，在碳中和的背景下全球主要经济体陆续将氢能发展上升至战略高度，预计未来氢气的能源属性将逐渐显现。[②] 如德国已经把氢能

---

① 本报告于2021年3月份撰写报送，获国家相关部门采纳，编入本书时做了适当调整。撰写人：吴伟（浙江大学中国科教战略研究院副研究员）、金珺（浙江大学管理学院副教授）、王良（浙江大学公共管理学院博士生）、李拓宇（浙江大学中国科教战略研究院副研究员）等，同时还要感谢撰写过程中咨询过的多位科技界专家。

② 东北证券股份有限公司．氢储能潜力巨大，产业化尚需时日——储能系列报告之三[R]．2021-07-27．

（尤其是只在可再生能源基础上制取的“绿氢”）作为清洁能源的重要组成部分，并视之为做出退出煤电决议之后化石能源的重要替代品。[①] 氢能技术发展及其规模化应用对于优化能源结构、减少能源电力系统碳排放、促进能源应用领域脱碳发展等潜力巨大，能够有效助力能源结构转型，降低化石能源占整个能源体系的消费比重，保障我国碳达峰与碳中和目标如期实现。

一、发展氢能技术对实现碳达峰碳中和目标意义重大

考虑到化石能源利用现状及发展趋势，碳达峰和碳中和目标实现面临巨大挑战，而氢能在推动碳减排等方面具有独特的优势与潜力，主要表现在三个方面：

一是氢能技术能够助力现有化石能源电力系统的碳减排，对构建以清洁能源为主的多元化能源供给系统意义重大。虽然我国电力行业单位供电碳排放已经下降到 600g 二氧化碳/kW·h[②]，但对于短期内仍以化石能源发电主导的电力产业而言，持续降低碳排放和实现碳中和是一项艰巨任务。氢能源具有显著的储能优势，国际能源署和国际氢能委员会报告显示，现有几乎所有的化石能源和新能源都可以通过制氢来进行能源储存，并通过以氢燃料电池作为能源载体实现能源使用零排放、推动能源转型和提升能源系统韧性。

二是作为储能媒介的氢能应用非常有利于能源区域均衡和保障能源系统安全。截至 2021 年底，全口径非化石能源发电装机容量达到 11.2 亿

① 德国联邦政府．国家氢能战略[R]．柏林：德国联邦经济和能源部公共宣传处，2020．

② 井然．可持续创新推动实现美丽愿景——专访国家应对气候变化战略研究和国际合作中心原主任李俊峰[J]．中国电力企业管理，2020(28)：14-18．

kW、煤电 11.1 亿 kW，占总发电装机容量的比重分别为 47%、46.7%。[①]高比例的非化石能源发电上网对储能提出更高要求，特别是我国水电、风电、光伏等发电方式均受地域自然资源和技术条件的限制，存在间歇性、不稳定性和东西部不均衡现象。氢能作为热值高达汽油的三倍的理想能量载体，可作为多种能源综合利用的互联节点，配合可再生能源(风能、太阳能等)形成有韧性、安全可靠的新能源体系。氢能的储能作用使其可以替代化石能源或与化石能源一起共同作为战略能源储备，提高能源储备能力。事实上，日本在福岛核事故之后就大力支持氢能项目，在澳大利亚购买煤矿并制氢，将氢气运回日本，作为清洁能源使用在燃料电池热电联供系统中。

三是氢能应用场景丰富，将助力其他产业脱碳与低碳化转型。可再生能源无法取代化石能源的所有应用，尤其是以化石能源作为原材料的化工产品(如塑料、化纤)，对其进行回收处理也会产生碳排放。为实现脱碳与碳中和，可借助氢进行碳捕获形成碳氢化合物，进而作为化石原料的替代品实现碳循环使用。这一原理也可以应用在水泥等其他行业。此外，在重型设备运输、远洋及部分能源密集型产业中，全部使用新能源发电，目前还存在技术与经济壁垒，而氢的储能功能可以提供很好的解决方案，如应用氢燃料电池来助力运输业减少碳排放，助力实现碳中和。因此，作为清洁可再生的零排放能源载体，氢能不仅具有丰富的应用场景，而且能够有效加速自身无法实现完全脱碳的工业、运输业、建筑业等能源应用大户的碳中和进程。

二、我国氢能技术及产业发展的主要瓶颈

氢能产业发展迅速，国际氢能委员会发布的《氢能源未来发展趋势调

---

① 丁怡婷.非化石能源发电装机容量首超煤电[N].人民日报，2022-02-03(0003).

研报告》显示，到2050年氢能源需求量将是目前的10倍。[①] 在全球范围内，仅2020年就有欧盟、加拿大等11个国家和地区发布了氢能战略；截至2020年底，占全球GDP总量一半的27个国家中，16个已制定氢能战略。[②] 据统计，截至2021年1月，国内已有18个省份的50余个城市出台了氢能发展规划和产业激励政策，在制氢、储氢、加氢站、氢电池汽车等产业各环节进行布局。全国氢能产业已初步形成“东西南北中”五大区域齐头并进格局，广东、山东和上海三地呈现领先趋势。但目前主要瓶颈有如下几方面。

一是从制造到储存、运输和应用的产业各环节存在技术瓶颈。目前制氢方法以石化燃料热化学重整为主，并未摆脱对传统能源的依赖，还会造成环境污染；电解水制氢虽然低碳可持续，但效率只有50%～70%，且需要消耗大量电能，抬高了制氢成本；光解水方法在理论上最为理想，但仍处于实验室研究阶段。氢气储运方面，高压气态储氢为当前国内主流技术，已发展出加氢站用87.5MPa二型瓶和98MPa全多层储氢高压容器，但目前国内氢能轿车主要使用70MPa三型高压氢气瓶，而国外氢能轿车普遍使用70 MPa四型高压储氢瓶，在储氢技术应用方面我国落后于国际主流水平。运输方面，目前中国仅有400km输氢管道，远远少于美国的2500km，客观上只能依赖于成本相对较高的长管拖车运氢；而国内输氢长管车只可用30 MPa的一型瓶，压力低于国外可达55 MPa的三型瓶、四型瓶长管车，每辆车运氢量不足带来了成本的增加。[③]

二是甲类危化品非能源原料的定位限制了氢能作为二次能源的生产、运输和使用。氢能使用安全问题尚未得到完全的技术性解决，因此我国将氢划定为甲类危化品进行严格管制，制定了较为严格的生产、运输和使用

---

① 张真齐.“新宠”氢能的未来之路如何前行[N].中国青年报，2021-08-05(011).

② 黄晓芳.氢能为何成投资热点[N].经济日报，2021-05-14(001).

③ 平安研究.平安证券研究报告：氢能的现状与展望[R/OL]. https://mnewenergy.in-en.com/html/newenergy-2403785.shtml，2021-04-01.

管制要求，这与同样具有危化品特性但被作为能源原材料的油气产品明显不同。如加氢站需要离开道路 20 米以上且 25 米之内不能有建筑物，造成加氢站无法建在城市里，但对加油站却没有此类要求，间接限制了氢能汽车的大规模推广。作为甲类危化品生产地，制氢厂被限制在特定的生产园区内，即使制氢技术再提升，制氢量也会受制氢厂规模限制。同理，作为甲类危化品加工地，氢能应用产品（如燃料电池）生产企业需要增加氢气储存和特殊管控成本。甲类危化品的特别储存要求和运输规定，增加了氢能应用产品生产企业的储运成本，限制了氢能作为二次能源的大规模应用。

三是氢能应用产业化政策不完善，限制了企业应用和技术开发。上游供应链与下游应用产业配套规划不同步，特别是缺乏明确规范的加氢站建设审批流程，加氢成为燃料电池汽车发展的最大瓶颈。资料显示，到 2020 年底，全球已有 33 个国家共建成 584 座加氢站，其中日本近 150 座，排名全球第一，我国 118 座（不含内部站和 3 座拆除加氢站），已经赶超韩国，排名第二。[①] 但就加氢站支撑氢能应用市场发展来看，仅韩国和丹麦布局了足量的加氢站，能够支持氢燃料电池车在全国行驶。此外，当前阶段氢能应用的高成本和复杂性，如要求企业更换原有硬件设备，限制了短期内氢能应用投资的拓展。

三、加快氢能技术创新并完善氢能产业链的对策建议

面向碳达峰与碳中和目标，考虑氢能技术与产业发展主要瓶颈，应加快氢能技术创新、促进氢能产业基础高级化和产业链现代化，逐步提升氢能在终端能源消费结构中的比例。

一是强化顶层设计，提高氢能在国家能源体系中的战略地位。成立国

① 吴昊，编译. 全球已有 33 个国家建成共计 584 座加氢站[EB/OL]. https://www.nationalee.com/newsinfo/1162770.html，2021-02-09.

家氢能发展委员会，制定氢能发展路线图，统筹产业规划与空间布局，制定以氢能为媒介的新能源创新生态体系“分步走”战略：中短期内着力发展化石燃料制氢＋二氧化碳捕集、封存技术，快速提升氢能生产并支持规模化应用市场发展，进而降低氢能技术研发成本；长期内开发运用风能和太阳能电解水制氢技术，生产清洁可再生的绿色氢能，助力实现碳中和目标。同时尽快出台《氢能经济与产业发展规划》，引导地方结合自身资源禀赋特点、产业基础等协同发展氢能产业，防范低端恶性竞争和行业无序扩张。

二是提高财政投入与补贴，推进氢能创新能力和关键核心技术攻关。发挥关键核心技术开发应用对产业链、供应链稳定的带动作用，实现氢能技术全链条的自主可控，支撑构建氢能产业新发展格局。设置“国家氢能技术攻关专项资助”计划，设置诸如加大氢能技术开发财政投入力度，定向补助从事氢能基础共性技术、“源网荷储”产业关键技术以及配套关键材料、零部件技术等开发的科研机构和企业等的激励措施。建立政产学研合作机制，通过 PPP 模式布局氢能领域国家级科技创新平台，在广东、上海、山东等产业优势区域建设氢能利用区域示范中心和产业示范园区。围绕氢能产业细分领域加快培育一批功能型机构、高能级项目、重大平台和龙头型企业。

三是积极推动技术标准创新，深度参与国际标准制定。高度重视氢能产业标准体系建设，依托全国氢能标准委员会组织氢能技术标准研制，构建以氢能源使用为核心并涵盖制氢、储氢、材料、安全、管理等方面的标准体系框架。完善氢能安全标准法规，从加氢、储氢、氢泄露和应用紧急状态等方面构筑系统安全策略。努力推动氢能标准实施应用，发挥标准化在氢能产业健康、规范、有序发展中的重要作用。充分发挥我国国内市场巨大的优势，快速积累应用数据，深入参与国际标准制定，在国际氢能标准制定中占据一席之地。

四是完善产业化政策，支撑氢能全产业链生态发展。研究制定氢能产业健康发展系列引导政策，打造以氢能为核心的制氢、储氢、运氢、用氢等全过程产业链，形成专有基础设施、运输网络、市场规制等。利用氢能生产和消费的本地化特性，创造以氢能为牵引的新就业机会，持续释放氢能红利，鼓励各地持续完善氢能产业生态系统。将氢能发展融入碳排放权交易体系，用市场化方式鼓励制造业、交通运输等行业把氢能作为主要新能源。

五是深化开放合作与国际交流，构建多边知识共享机制。积极参与国际氢能技术开发与合作，推广中国氢能应用经验和标准，加强技术和人才交流，提前布局全球氢能市场。借助国际氢能与燃料电池汽车大会等平台，发布行业技术报告，吸引全球智力并交流经验。探索与日本、韩国、欧盟特别是德国合作发展可再生能源制氢的可行性，推动与俄罗斯等周边邻国合作发展电解氢产能。建设国家和亚太地区的氢能数据库，实现全国和国际氢能数据共享，防范碳边界税的影响。

第9篇　固态储氢技术支撑“双碳”目标实现①

报告核心内容

氢能是一种来源丰富、绿色低碳、应用广泛的二次能源，对减少化石能源依赖、实现“双碳”目标具有重要意义。在氢能产业链中，氢的安全、高效和低成本储运是制约我国氢能和燃料电池产业发展的主要瓶颈。各类储氢技术中，固态储氢技术因其压力低、安全性好、储氢密度高等优势，被认为是最具应用发展潜力的储氢技术之一。本报告建议提高固态储氢技术战略地位、开发具有性能优势的高密度储氢材料、完善氢能储运技术标准、完善产业化政策，实现车载储氢技术的指标要求。

传统化石燃料的过度开采和使用引发的能源危机、温室效应和环境污染，促使我们必须开发环境友好的可再生能源。氢能因其具有储量丰富、燃烧热值高、清洁无污染、可再生等优势，是替代化石燃料的理想能源载体。各国和地区都制定了相应的氢能发展规划，日本自2002年起就开始逐年提高氢能领域的研发投入并计划2040年前实现燃料电池汽车的本国

① 本报告主要内容于2021年10月撰写报送，编入本书时做了适当修改。本报告撰写人：刘永锋（浙江大学材料学院教授）、张欣（浙江大学材料学院博士后）、潘洪革（浙江大学材料学院兼任教授）。

普及，2015 年丰田公司推出燃料电池汽车“未来(Mirai)”更进一步激发了全世界的氢能研究热潮；欧盟等国家近年来相继颁布了《欧洲绿色协议》、《德国国家氢能源战略》和《可再生能源指令协议》等，预计在 2050 年氢能应用将占欧洲最终能源需求的 24%；在过去的 10 年中，美国能源部每年为氢能和燃料电池研发提供 1 亿至 2.8 亿美元资金，计划在 2030—2040 年全面实现氢能源经济；我国在“十四五”规划中将氢能列入战略性新兴产业的重点发展方向，于 2022 年颁布了《氢能产业发展中长期规划(2021—2035 年)》，把氢能开发放在更加突出的国家战略地位。由此可见，氢能是未来全球能源体系的重要组成部分，是我国实现“双碳”目标不可或缺的手段，具有重大战略意义。[①] 氢能产业整体可以分为制氢、储氢和用氢三大环节，其中氢气的储运是制约我国氢能和燃料电池产业发展的关键环节。

一、开发储氢技术是氢能规模化应用的关键

作为理想的二次能源，氢能储运灵活，既是氢能的优势所在，又是氢能应用的主要瓶颈。氢气的储运具有较大难度。首先，氢气重量轻、密度小，扩散系数较大，这需要我们提高储运容器压力进而提高氢的密度和利用效率；其次，氢气性质活泼，燃点低，爆炸极限宽，对储运过程中的安全性也有极高的要求。因此，如何实现经济、高效、安全的储氢是氢能利用走向实用化、产业化的关键瓶颈。

我国《氢能产业发展中长期规划(2021—2035 年)》将氢气的储运纳入规划，明确提出“统筹全国氢能产业布局，合理布局制氢设施，稳步构建储运体系，统筹规划加氢网络，加快构建安全、稳定、高效的氢能供应网”，将其作为氢能产业发展的具体任务。

---

① S. Zhang, W. Chen. Assessing the Energy Transition in China Towards Carbon Neutrality with A Probabilistic Framework[J]. Nat. Commun., 2022, 13(1): 87.

储氢技术的效用是通过体积储氢密度、质量储氢密度、吸放氢速率、操作温度、吸放氢可逆性、循环使用稳定性及安全性等来进行衡量的。美国能源部 DOE 针对车载燃料电池用储氢技术的质量储氢密度提出的指标为:2020 年系统的质量储氢密度为 4.5%,2025 年达到 5.5%,最终目标是 6.5%。[①] 为了实现上述目标,各国研究者开展了大量研究,开发了包括高压气态储氢、低温液化储氢、有机液体储氢以及固态储氢等在内的储氢技术。

高压气态储氢技术是目前发展相对成熟的储氢技术,该技术具有设备结构简单、压缩氢气制备能耗低、充装和排放速度快的优势,在国内外已经实现一定规模商用。目前高压储氢瓶的工作压力主要是 20 MPa、35 MPa 和 70 MPa。20 MPa 钢制瓶生产成本低,设计制造技术成熟,但瓶体本身较重,储氢效率低,不适用于车载储氢。35 MPa 和 70 MPa 储氢瓶技术是国内的研究热点。浙江大学郑津洋教授团队长期从事储氢压力容器的设计研究,在氢脆防控和氢气高效压缩等方面取得了重要进展,实现了铝内胆储氢罐的轻量化设计。[②] 目前国内 70 MPa 储氢瓶能够存储 5 wt%的氢气。虽然高压储氢的重量储氢密度相对较高,但其体积储氢密度较低、储氢量有限,不能够满足车载应用及对空间要求高的装备。其次,车载储氢罐核心材料及零部件如碳纤维、瓶口阀、减压阀等主要依赖进口,这进一步增加了高压储氢的成本。此外,高压储氢的安全性也是众所周知的问题,在日本、挪威、韩国等国家都相继出现过因氢气储罐泄露引起的爆炸事故,暴露了高压储氢的不足。

低温液态储氢是先将氢气液化,然后储存在低温绝热容器中。单从储

---

① Technical System Targets: Onboard Hydrogen Storage for Light-Duty Fuel Cell Vehicles, US DOE [EB/OL]. https://www.energy.gov/eere/fuelcells/doe-technical-targets-onboard-hydrogen-storage-light-duty-vehicles. 2019-12-18.

② 曹军文,覃祥富,耿嘎,等. 氢气储运技术的发展现状与展望[J]. 石油学报,2020(6):1461-1478.

氢密度来考虑，低温液态储氢的储氢密度都比较高，是一种理想的储氢方式。但由于液氢的沸点极低(20.37 K)，与环境温差极大，对容器的绝热要求很高，且液化过程所消耗能量约占液氢本身含能的1/3，使用过程中需要额外的冷却系统，成本过高。[①] 由于液化储氢的成本较高，且其安全技术非常复杂，因此不适合广泛使用，目前液氢主要作为低温推进剂用于航天，而我们对于以液氢为动力的汽车研究较少。

有机液体储氢技术是通过不饱和液体有机物的可逆加氢和脱氢反应来实现储氢。理论上，烯烃、炔烃以及某些不饱和芳香烃与其相应氢化物，如苯—环己烷、甲基苯—甲基环己烷等都可在不破坏碳环主体结构下进行加氢和脱氢操作。加氢后形成的液体有机氢化物性能稳定，安全性高，储存方式与燃油产品相似，可用现有管道设备进行储存和运输，安全方便，并且可以长距离运输。大连化学物理研究所的陈萍教授团队合成的吲哚锂/钠和氮杂吲哚锂/钠等金属有机物在有机液体储氢材料中具有较为突出的性能，其中吲哚锂可以在100 ℃下实现脱加氢，储氢容量可达6.1 wt%。[②] 即便如此，有机液体储氢也存在很多不足。首先，有机液体储氢对技术操作条件较为苛刻，催化脱/加氢装置复杂，成本高；其次，脱氢反应受传热传质和反应平衡极限的限制，脱氢反应效率较低，且容易发生副反应，放出的氢气纯度低，而且吸放氢催化剂在高温下容易失活导致可逆性下降。

固态储氢是以高比表面材料、稀土金属氢化物、轻金属氢化物或复杂氢化物等作为储氢载体，通过物理吸附或化学作用力将氢与固态材料结合以实现氢气的存储。固态储氢技术中，物理吸附储氢材料和氢之间主要靠范德华力结合，因此这类材料在低温时通常表现出较高的储氢量，在室温条件下储氢能力较弱。而基于化学储氢的金属氢化物储氢材料具有储氢

---

① 郭志钒，巨永林. 低温液氢储存的现状及存在问题[J]. 低温与超导，2019(6)：21-29.

② 中国科学院大连化学物理研究所. 我所发现系列金属有机储氢新材料[EB/OL]. https://www.dicp.cas.cn/xwdt/kyjz/202109/t20210903_6189241.html. 2021-09-03.

密度高、储氢压力低、安全性好和放氢纯度高等优势，是极具应用潜力的储氢技术。但金属氢化物中能够在室温下快速吸放氢的主要是稀土合金氢化物，其重量储氢密度仍普遍低于 3 wt%，轻金属氢化物储氢材料还需解决吸放氢温度偏高、循环性能较差等问题。

二、我国金属氢化物储氢材料的研究进展与瓶颈

氢化物储氢材料因其较高的储氢密度而成为近年来固态储氢的研究热点。氢化物储氢材料主要包括储氢合金、轻金属氢化物和复杂氢化物。在轻金属氢化物中，金属与氢形成较为稳定的离子键或共价键，而稀土储氢合金则将氢原子存储在合金的间隙中，因此又称间隙式氢化物。

稀土储氢合金是研究最早的一类固态储氢材料，常见的储氢合金分为 AB_5 型合金（稀土合金）、AB_2 型合金（Zr 基合金）、AB 型合金（TiFe 基合金）和 A_2B 型合金（镁基合金）等。[①] 浙江大学的研究团队在国内率先开展储氢合金方面的研究工作，通过对金属—氢相互机制分析、吸放氢动力学理论模拟计算和不同系列储氢材料的储氢机理研究、成分优化设计、组织结构调控以及综合性能改善，研制出多种高性能稀土基储氢合金体系，使稀土合金能够在室温下实现快速可逆吸放氢，在镍氢电池中得到大规模应用，是目前最接近实用化的氢化物储氢材料。[②] 但稀土储氢合金的质量储氢密度普遍低于 2 wt%，难以满足容量要求。而镁基合金相比其他合金具有更高的容量（Mg_2NiH_4 理论容量 3.6 wt%）且储量丰富，成本较低，因而吸引了各国研究者的广泛关注。但镁基合金吸氢形成的氢化物稳定性极

---

① M. Zhu, Y. Lu, L. Ouyang and H. Wang. Thermodynamic Tuning of Mg-Based Hydrogen Storage Alloys: A Review[J]. Materials, 2013, 6(10): 4654-4674.

② M. M. Li, C. C. Wang, C. C. Yang. Development of High-Performance Hydrogen Storage Alloys for Applications in Nickel-Metal Hydride Batteries at Ultra-low Temperature[J]. Journal of Power Sources, 2021, 491, 229585.

强，需要很高的温度才能释放氢气。研究者对镁基合金进行了大量研究工作，发现非晶化、纳米晶化和多元合金化，是降低镁基合金吸放氢温度改善动力学性能的有效手段。浙江大学和华南理工大学的研究团队利用机械合金化将Co、Al、V、Si等元素掺入Mg—Ni合金中，从而形成非晶合金和纳米晶合金，显著降低了镁基合金的热力学稳定性过高的问题，并在其室温电化学储放氢性能方面取得了重要突破。

为了满足车载燃料电池不断提升的储氢密度要求，未来基于轻金属氢化物和复杂氢化物的高密度储氢材料将成为固态储氢的主流方式。由于轻金属氢化物（MgH_2、AlH_3、CaH_2 等）和复杂氢化物（$NaAlH_4$、$LiNH_2$—LiH、$LiBH_4$ 等）在吸放氢过程中伴随着共价键和离子键的解离与重建，因此轻金属氢化物/复杂氢化物的吸放氢温度高、速率慢，这非常不利于实际应用，国内的研究组针对金属氢化物储氢过程的热力学和动力学特性开展了大量改性研究工作并取得了一定的进展。

（一）催化掺杂方面

掺杂催化剂是提高氢化物储氢动力学的有效方法，所开发的催化剂主要是具有3D轨道电子的过渡金属和稀土金属的氧化物、卤化物、氮化物、氢化物、单质和合金等。经过多年的研究，催化剂中的活性物质逐渐从高价态氧化物/卤化物向低价态氢化物、单质和合金方向转变；活性物质的粒径正经历着从微米结构到纳米结构再到单原子的转变。

浙江大学潘洪革、刘永锋教授团队，设计和制备了一系列包括Ti、Ce、Zr的氧化物纳米催化剂用于 $NaAlH_4$ 的催化研究，使 $NaAlH_4$ 在140 ℃下可逆存储4.5 wt%的氢气。在明确了催化剂与 $NaAlH_4$ 之间副反应的基础上，该课题组制备了化合价较低的Ti基催化剂（例如Ti单质、TiN和 TiH_2 的纳米催化剂），尽可能避免副反应的发生。通过减小催化剂的粒径激发了催化剂的高活性，尤其是Ti单质和 TiH_2 催化剂能使 $NaAlH_4$ 能够在80 ℃下充分放氢，在30 ℃下充分吸氢，并且样品的储氢容量维持在

5 wt%以上。[①]

南开大学袁华堂、王一菁教授团队在 MgH_2 储氢体系的催化改性方面进行了大量研究，所制备的 Co—、Ni—、V—和 Ti 基等化合物和单质催化剂能够明显降低 MgH_2 的吸放氢温度，提升 MgH_2 的循环稳定性。近期该课题组制备了一系列过渡金属单原子催化剂，其中 Ni 的单原子催化剂对 MgH_2 的改善效果最为明显。[②]

（二）纳米化

纳米化是改善金属氢化物储氢性能的重要方法之一，金属氢化物经过纳米化，不但能够改善吸放氢反应的动力学性能，还能使反应的热力学性能得到调变。南开大学的陈军教授课题组，利用 CVD 法制备了 Mg/MgH_2 纳米纤维，并且发现材料的微观结构与材料的吸放氢性能密切相关，随着 Mg/MgH_2 纳米纤维直径的减小，放氢速率有明显提升。复旦大学的孙大林、余学斌教授团队，利用溶剂热合成和溶液纳米限域，成功将 MgH_2、$NaAlH_4$、$Mg(BH_4)_2$、$LiBH_4$ 和 $LiBH_4$—MgH_2 等氢化物负载于石墨烯的层间，大幅度改善了氢化物的储氢性能。其中，石墨烯负载的 MgH_2 能够在 100 ℃即开始放氢，产物能够在 30 ℃下完全吸氢。[③] 上海交通大学邹建新教授团队将 MgH_2 限域进 Ti_3C_2 层间，Ti_3C_2 作为载体的同时还起到了很好的催化作用，复合材料能够在 140 ℃下实现放氢。[④] 浙江大学潘洪革、刘永锋教授团队利用超声波为驱动力，取代载体的使用，利用固液复分解反应制备了无负载的 MgH_2 纳米颗粒，将 MgH_2 的吸放氢温

① 任壮禾，张欣，高明霞，等. Ti 基催化剂改性的 $NaAlH_4$ 储氢材料研究进展[J]. 稀有金属，2021，45(5)：569-582.

② Y. K. Huang, et al. Cost-effective Mechanochemical Synthesis of Highly Dispersed Supported Transition Metal Catalysts for Hydrogen Storage[J]. Nano Energy, 2021, 80, 105535.

③ G. L. Xia et al. Monodisperse Magnesium Hydride Nanoparticles Uniformly Self-assembled on Graphene[J]. Adv. Mater. 2015, 27, 5981-5988; b.

④ W. Zhu, et al. Nanoconfined and in Situ Catalyzed MgH_2 Self-assembled on 3D Ti_3C_2 MXene Folded Nanosheets with Enhanced Hydrogen Sorption Performances[J]. ACS Nano, 2021, 15 (11): 18494-18504.

度降至 30 ℃。[1]

（三）多相复合

多相复合是将不同储氢材料进行复合，通过发挥各组分的性能优势产生协同效应，克服单一储氢材料的性能短板，能获得额外的性能提升。华南理工大学朱敏教授团队将氢化物与储氢合金（$LaNi_5$、TiFe 等）进行复合，复合后会产生一些具有催化活性的合金相，这些合金相既能储氢又能起到催化剂的作用。此外，复合后的材料中含有大量界面，这些界面为氢的扩散提供了通道。具有催化活性的合金和高密度界面提升了复合材料的吸放氢动力学，因此复合材料比单一组元材料的综合储氢性能更加优异。[2]

虽然通过催化掺杂，纳米化和多相复合能够改善金属氢化物储氢材料的性能，但在燃料电池工作温度下（－40～85 ℃）的吸放氢速率太慢，充分放氢通常要几个小时甚至更长的时间，这不能满足燃料电池快速响应和持续供氢的要求，由此可见，金属氢化物高容量和低温度难以兼容仍是本领域的难题；此外纳米化和催化掺杂目前也仅限于实验室研究，如要扩展到大规模生产，还将面临很多问题，对催化剂的作用机制也不十分清楚，由此可见仍需要进一步研究。

三、加快氢化物储氢技术研发及产业化应用的建议

（一）设计与开发新型轻金属基高容量储氢材料

开发有我国资源特色和自主知识产权的高性能新型储氢材料是实现

---

① X. Zhang, et al. Realizing 6.7 wt% Reversible Storage of Hydrogen at Ambient Temperature with Non-confined Ultrafine Magnesium Hydride[J]. Energy & Environmental Science, 2021,14 (4): 2302-2313。

② 朱敏，欧阳柳章．镁基储氢合金动力学调控及电化学性能[J]．金属学报，2021，57(11)：1416-1428.

氢能储运技术自主可控、支持氢能产业稳步发展的关键核心技术。针对轻金属氢化物/复杂氢化物高容量和低温度难以兼容的问题，开展吸放氢热力学和动力学协调控研究，通过纳米化、催化掺杂和多元复合等改性手段的协同作用，进一步提升轻金属氢化物/复杂氢化物的综合储氢性能，明确催化效应、尺度效应和界面效应等对储氢材料性能的影响机制，系统评估轻金属氢化物/复杂氢化物的服役性能，发展高储氢容量、低工作温度和长循环寿命兼容的实用化型轻金属氢化物储氢材料对一些有应用前景的技术开展弘量化制备研究和应用拓展。

同时加大储氢技术开发的财政投入力度，对从事氢能基础和应用技术开发的科研机构和企业等进行专项奖励；建立第三方氢能储运研究机构，针对储氢材料的特性，建立健全研究平台；对于储氢材料常见的水氧敏感、热敏感、活性高易分解、电子束辐照易损伤等难题配备相应的表征仪器，发展原位和准原位测试技术，以更加准确地研究金属氢化物在吸放氢过程中的成分、结构和形貌演变规律，为金属氢化物的进一步设计与制备提供指导。

（二）加快成熟技术在适当场合的推广及应用

目前稀土合金类储氢材料质量储氢密度偏低，但该类合金能够在室温下实现快速吸放氢，且体积储氢密度高，占地面积小，安全性好，虽然不适合车载储氢应用，但适用于某些固定式储氢的场合，通过与固定式燃料电池设备的有效耦合，能够实现一定规模的应用。

近年来，随着远程智能控制技术和通信技术的大规模发展，无人值守的基站、动力机房等在5G通信、油气开采、太阳能和风能发电厂、环境监测站等领域大规模应用，这些基站的用电量也会大幅度增加，燃料电池大功率、长时间供电的优势将会凸显出来。与之配套的固态储氢装置应同步发展，以全面满足燃料电池电源的技术经济要求。与锂离子电池相比，燃料电池和固态储氢系统的成本较高，应快速降低燃料电池和固态储氢的应用成本从而提升竞争力，加快燃料电池电源系统的商业化应用。此外，风能和太阳能等新能源发电厂也是合金储氢的应用场合，电厂产出的电能可就地转换为氢能进行存储，稀土储氢合金的体积小、压力低、安全性高的特点可以得到充分地体现，但需要结合制氢技术的突破，同时降低固体储氢的成本，使电厂的产电能够得到高值化利用。

（三）开发复合式储氢技术

将金属氢化物储氢与高压、有机液体和液态储氢相结合，开发复合式储氢技术，形成优势互补，有望快速推进金属氢化物储氢材料的应用。例如将氢化物储氢材料与高压储氢相结合，开发复合储氢瓶，充分发挥金属氢化物较高的体积和质量储氢密度，在满足一定储氢容量的前提下可适当降低储氢压力，提高安全性，缩小罐体的体积以提升使用灵活性度。利用高压储氢室温快速吸放氢的特点，使复合储氢瓶在使用过程中能够快速响应，使燃料电池能够正常工作同时燃料电池释放的热量能够进一步驱动金属氢化物脱氢，确保长时间的供氢。对有应用前景的固态储氢材料开展复合储氢系统的结构设计、优化和集成研究。

（四）完善专业技术标准和检测监督机制

加快氢气储运标准的建立与实施。在推动氢能产业化布局的同时，快速积累应用数据，结合《氢气站设计规范》（GB 50177）、《加氢站技术规范》（GB 50516）、《氢系统安全的基本要求》（GB/T 29729）、《氢气储存输送系统》（GB/T 34542）、《固定式压力容器安全技术监察规程》（TSG 21）等标准，建立氢气的储存、运输、安全和管理等方面的标准化框架。构建氢能专业检测检验机构，面向整个氢能研究领域提供研发、试验、认证、检测等公共服务，加强氢能全行业的安全监管，对新开发的储氢技术进行服役性能评估。

第10篇　对标日本全力发展氢能技术产业[①]

报告核心内容

以日本丰田"氢擎"技术迭代升级为切入点，直观了解氢能在低碳社会发展中应用前景；系统总结日本氢能产业发展现状和政策，学习氢能技术经验做法；从政策、组织、项目和标准等四个维度体系，提出我国氢能技术产业发展建议举措。

实现"双碳"目标，氢能是重点，发展氢能技术产业是有效途径。相对来看，我国与日本相比，在以下三个方面尚有较大差距：一是安全氢液化关键技术亟待突破，需持续开展高效大型氢液化系统核心关键装备科技攻关；二是氢能的长距离、大规模经济输运储存仍面临诸多挑战，应不断发展液氢储运技术及关键装备；三是我国特色的氢能技术应用产业链尚未完全形成，要继续整合大规模氢制备、液化、运输等产业技术链。

---

① 本报告于2022年4月撰写报送，受到有关部门重视，编入本书时做了适当调整。撰写人：张旭亮（浙江大学区域协调发展研究中心副研究员，博士生导师）、史晋川（浙江大学文科资深教授，博士生导师）、钱陈（浙江省发展和改革研究所所长）、接栋正（杭州国际城市学研究中心处长，研究员）、刘培林（浙江大学区域协调发展研究中心求是特聘研究员）。

一、日本丰田“氢擎”正引领全球新能源变革

（一）丰田第一代氢能汽车特性：低碳、储能、安全

“零排放”环保性。丰田氢能汽车动力原理很简单，即车载氢气与空气反应生成动能，不排放常规燃油式尾气，仅产生一杯水（H_2O），实现绝对的“零排放”。

“低价格”经济性。丰田氢能源汽车加氢只需要3分钟，能够续航650km。2019年，日本氢气价格为4600日元，折算人民币约280元（比当前中国油价便宜）。若氢能源汽车进一步普及，氢气价格将更便宜。

“高储能”供电性。丰田氢能源汽车是一个高储能的移动电源，当发生停电时，它的后备箱有个电源连接口，可以将车载电源连接到家庭电源中，保证一户家庭一个星期的用电所需。

“防泄漏”安全性。丰田氢能源汽车氢气罐采用了多种特殊新材料制作而成，单个罐体可以承受2万多次各种情况下的冲撞，都不会发生泄漏和破损。同时，气罐口还有反锁装置，一旦检测到漏气，气口将会立即反锁。

（二）丰田第二代氢能汽车特性：无线、永续、办公

无线供电系统：从能源消耗到能源供给。丰田氢能源汽车不再是能源消耗概念，而转变为新能源供应者。汽车通过无线供电系统，只需其停在家门口即可为家庭照明，无需固定电力就能够成为家庭的备用能源选择。

永久绿色循环：从迭代更替到永续永恒。丰田氢能源汽车的燃料合成装置，使用若干年后无需报废，可安装在新的汽车里继续使用，推动人类社会进入完全清洁、没有污染的氢能源时代。

数控显示操作：从交通工具到办公场景。丰田氢能源汽车前挡风玻

璃、两侧侧窗玻璃作为显示屏，可以操作各种智能 APP，开展工作交流，一辆汽车就变成了一间工作室。

二、日本氢能产业发展现状及政策借鉴

（一）日本氢能技术产业及应用

日本氢能技术居全球前列。目前日本氢能源和燃料电池技术拥有的专利数量居全球第一，在全世界氢能源专利占比 30％以上，拥有世界 83％的氢燃料电池专利，在质子交换膜燃料电池、燃料电池系统和车载储氢这三大技术上，日本和美国的专利合计在全球的占比超过 50％。[①] 丰田、本田、日产、松下、东芝等企业在氢能和燃料电池技术方面已经成为全球领头羊。值得一提的是，丰田公司氢能源汽车专利完全公开。[②]

日本氢能进入产业化阶段。日本氢燃料电池在商业化应用方面世界领先，主要有家庭用燃料电池热电联供系统、业务用/产业用燃料电池以及燃料电池汽车。截至 2021 年初，日本国内已建成加氢站 162 座，氢燃料电池汽车 80 万台，未来，家庭用氢发电机组将从目前的 33 万台增加到 530 万台。[③] 在 2022 年北京冬奥会期间，丰田汽车共向组委会提供了 2205 辆丰田产品，包括 140 台丰田第二代 MIRAI 氢燃料电池乘用车，以及 107 台柯斯达燃料电池动力总成车型。

日本氢能产业加速全球布局。近年来，日本积极开展全球化制氢布局，建立氢能供应链供给体系。日本已开展了多个海外项目，2017 年日本和新西兰联手打造通过地热发电实现氢能制造流通零碳排放项目，日本川

① 符冠云，熊华文. 日本、德国、美国氢能发展模式及其启示[J]. 宏观经济管理，2020(06)：84-90.

② 万为众. 国产新能源汽车发展需警惕外企专利“开放—集中”战略：以日本丰田汽车专利布局为例[J]. 沿海企业与科技，2020(4)：25-31.

③ 参见 H2stations 2022 年 2 月发布的《第 14 次全球加氢站统计报告》。

崎重工和挪威开展基于化石燃料(天然气重整制氢＋CCS)和可再生资源(风力发电电解水制氢)项目[①];2018年日本和澳大利亚合作建立价值5亿澳元的全球首个褐煤制氢商业试点项目[②];2020年三菱商事等2家日本企业与5家新加坡公司签订氢能源经济发展合作备忘录[③]。

(二)日本氢能技术产业经验借鉴

制定导向明确的氢能产业政策。日本政府陆续颁布《能源基本法》《氢能基本战略》和《氢能燃料电池战略路线图》等重要战略指导性文件,把发展氢能产业上升为国家战略,引导政府部门、企业和研究机构大力推进氢能发展利用,并对氢站建设、家庭用燃料电池系统、燃料电池及购买燃料电池车的消费者进行持续补贴。日本政府近30年先后投入数千亿日元用于氢能及燃料电池技术的研究和推广。2021年日本经济产业省对氢能燃料电池的财政补助高达848亿日元。

参与主导了国际氢能标准制定。日本积极参与重点行业国际标准制定,参与及主导了《全球氢能和燃料电池技术规范》《联合国氢能和燃料电池汽车规范》《氢气输运技术国际标准制定》,以及国际海事组织(IMO)《船舶燃料性能指标修订》等国际标准制订,逐步形成了国内完善的标准法律体系。在燃料电池研发、乘用车开发、氢气储运和小型化氢能应用领域,日本都形成了独具特色的核心技术标准体系。

研发掌握氢产业链上关键技术。氢能源相关产业链包括制备、储运与发电三项技术。2021年11月,日本成功利用阳光照射“光触媒”作用,在水中分解出氢与氧,实现全球首例太阳能大规模制氢。液态储氢方面,日本已有利用磁制冷技术用于液化氢气的研究成果,磁制冷的效率是气体压缩制冷的5～6倍,该技术产业应用的突破可大幅度降低液氢制备的成本。

---

① 魏蔚,陈文晖.日本的氢能发展战略及启示[J].全球化,2020(02):60-71＋135.

② 陈英姿,刘建达.日本车用氢能的产业发展及支持政策[J].现代日本经济,2021(02):80-94.

③ 丁曼.日本氢能战略的特征、动因与国际协调[J].现代日本经济,2021(04):28-41.

固态储氢方面，东京理工大学宫内博宏课题组成功将硼化氢钠米片（HB）发展成为一种有效的储氢载体。

推进能源企业开展产业链协同。日本鼓励能源企业与不同类型和行业的企业开展协作，加入相关行业组织，将企业的发展战略和行业发展战略进行有效协同，共同承担发展风险和收益。如支持千代田化工、三菱商事、三井公司和日本游船公司组成了“先进氢能供应链技术开发联盟（AHEAD）”，共同设计基金，对氢能供应链进行技术开发。①

三、我国氢能产业技术发展建议

（一）加大对氢能技术研发及产业应用的政策支持力度

认真贯彻落实《关于开展燃料电池汽车示范应用的通知》《“十四五”工业绿色发展规划》《氢能产业发展中长期规划（2021—2035年）》等文件，加大对氢能源技术产业项目的奖励补贴，包括对企业氢能源关键技术研发平台、氢能关键行业上下游投资项目、氢能源汽车应用、加氢站建设、氢能人才，以及用地保障等支持力度，不断提高政策的精准性和有效性。

（二）建立由行业链主企业主导的氢能核心技术研发体系

支持国家层面、区域层面、省市层面的氢能源行业协会建立健全及发展，由各区域行业龙头企业任氢能产业链主。确立由氢能行业链主企业负责氢能研发平台搭建，开展制氢、储氢关键技术研发的主导地位。明确政府在企业氢能源研发固定设备资金配套、人才引进补贴上的协同服务定位。建立周边企业的氢能技术产业化及应用反馈的“三位一体”运行机制。

（三）鼓励日本氢能源企业在我国建立产业链项目基地

利用我国超大规模市场优势，面向日本氢能源行业企业开展招商，率

---

① 蒋瑜洁，丁钰慧，关昕. 日本推动氢燃料电池汽车产业发展的机制研究[J]. 现代日本经济，2022(01):27-46.

先在科技、人才和产业配套密集的长三角地区和珠三角地区建立一批中日氢产业合作示范区、中日氢产业科技创新大走廊。加快培育形成氢能源集成部件、氢燃料电池动力装备、氢能制储运、储氢设备特种材料、氢燃料电池汽车轻量化材料研发、设计、测试等五大氢能源产业项目集群。

（四）参考国际标准加快完善我国的氢能产业标准体系

学习借鉴氢能源国家标准，推动完善我国氢能制、储、输、用标准体系，重点围绕建立健全氢能质量、氢安全等基础标准，制氢、储运氢装置、加氢站等基础设施标准，交通、储能等氢能应用标准，增加标准有效供给。鼓励龙头企业参与各类标准研制工作，支持有条件的社会团体制定发布相关标准。

第11篇　在农村地区加快推广生物质清洁供热[①]

报告核心内容

在农村地区加快推广生物质清洁供热，是整体推进能源生产和消费革命的重要一环，有利于农村人居环境整治、农村基础设施改善，并助力乡村全面振兴。目前，在农村地区发展生物质清洁供热受到关键技术和装备不足、标准与监管体系不健全、产业发展动力不足等方面制约，规模化应用仍存在巨大障碍。为此，本报告建议在确保能源安全前提下，通过统筹城乡生物质能产业发展规划、强化关键核心技术攻关、完善行业标准与市场监管、构建供热保障体系等手段，把生物质能开发利用融入生态产业发展、生态环境治理、能源行业变革、乡村产业振兴、城乡融合发展等总体框架，充分挖掘农村地区减碳潜力，助力“双碳”目标实现。

---

① 本报告于2022年1月份撰写报送，编入本书时做了适当调整。撰写人：李拓宇（浙江大学中国科教战略研究院副研究员）、邓勇新（浙江大学公共管理学院博士研究生）、吴伟（浙江大学中国科教战略研究院副研究员）、陈婵（浙江大学政策研究室副主任）等，同时还要感谢撰写过程中咨询过的多位科技界专家。

习近平总书记高度重视冬季清洁取暖，强调这项工作是重大的民生工程、民心工程。生物质清洁供热转型关系广大人民群众生活，关系环境整治与碳中和进程，也是促进能源生产和消费革命、农村生活方式革命的重要内容。

一、助力碳中和、实现清洁能源供热，生物质能大有可为

（一）我国农村地区推广清洁供热改造进度缓慢

目前，农村地区清洁供热改造方式以“电热”和“气热”为主，部分农村地区的清洁取暖率仍不足20％。[①] 一方面，“电”算不上清洁能源，我国70％的电来自火力发电[②]，电热效率低且同样会产生污染物和温室气体；另一方面，“贫气”问题无法改变，我国天然气成本总体上是燃煤的2～3倍[③]，部分地区面临“改不起、用不起、补不起”的困境，且冬季天然气供应短缺问题更为严重。此外，农村地域辽阔，居民分散，城镇化的清洁供热改造思路不适用于农村地区。

（二）生物质能开发和利用受美欧国家追捧

20世纪70年代石油危机爆发以来，各国相继开始寻找石油替代方案，生物质能产业得以迅速发展。美国早在20年前就颁布《农业法案》《生物质能条例》[④]等，建立起生物质能技术开发体系；2007年又颁布《能源独立与安全法》，强调能源安全，推动发展第二代生物燃料，在国家可再生能

---

① 人民咨询．北方农村生物质清洁取暖大有可为[EB/OL]．https://baijiahao.baidu.com/s?id=1708217331025302281&wfr=spider&for=pc．2021-08-16．

② 国家统计局2021年6月份能源生产情况[EB/OL]．http://www.stats.gov.cn/xxgk/sjfb/zxfb2020/202107/t20210715_1819482.html．2021-07-15．

③ 经济观察报．中石化经研院的“减煤、控油、增气、强非”思考[EB/OL]．https://baijiahao.baidu.com/s?id=1720480716317617204&wfr=spider&for=pc．2021-12-29．

④ 张百灵，沈海滨．国外促进生物质能开发利用的立法政策及对我国的启示[J]．世界环境，2014(05)：78-80．

源实验室(NREL)基础上成立能源生物科学研究院(EBI)、联合生物能源研究院(JBEI)等多个国际级或国家级生物能源研究机构[①];2021 年 11 月,美国众议院通过"拜登的税收和支出计划",呼吁制定一系列措施推广生物质能的研究、开发和利用。欧洲是全球生物质能产热效率最高、设备水平最先进的地区,据国际能源署 2018 年数据,在欧洲可再生能源终端供热市场,生物质供热占比超过 90%,远超风能、太阳能。[②]

(三)我国农村地区生物质清洁供热开发潜力巨大

继风电、光伏之后,生物质能可以成为可再生能源产业的重要力量:一是可再生能源中运行成本最低,区别于风电、光伏,生物质能的可控性较强,具有供应稳定、易存储、易运输、易转化等优点,尤其是在农村地区可以实现就地取材;二是可开发潜力巨大,据中国产业发展促进会 2021 年 9 月发布的《3060 零碳生物质能发展潜力蓝皮书》,目前我国主要生物质资源年产生量约 34.94 亿吨标准煤,能源开发潜力为 4.6 亿吨标准煤[③];三是国际公认的"零碳"能源,我国生物质能成本相当于天然气的 50%左右[④],且与燃煤相比的二氧化硫原始排放减少 90%以上,二氧化碳将实现零排放,运行成本低于"电热"与"气热"。[⑤] 如结合生物炭的碳汇利用,可实现一定程度的负碳排放,生物质能的高效利用对于实现碳中和意义重大。

---

① 科研圈. 生物质能源:它会是能源危机、气候变化的解药吗?|访西北农林科技大学陈少林教授[EB/OL]. https://mp.weixin.qq.com/s/7rynxhDTS2FEDxxfH3T8ow. 2019-12-19.

② 全国能源信息平台. 新时代我国生物质供热产业的思考与展望[EB/OL]. https://baijiahao.baidu.com/s? id=1687336252142219649&wfr=spider&for=pc. 2020-12-28.

③ 能见 Eknower. 重磅发布|3060 零碳生物质能发展潜力蓝皮书(附全文)[EB/OL]. https://view.inews.qq.com/a/20210915A02NHE00. 2021-09-15.

④ 中国能源报. 专家:生物质绝非高污染燃料[EB/OL]. https://baijiahao.baidu.com/s? id=1718011070472325260&wfr=spider&for=pc. 2021-12-02.

⑤ 人民咨询. 北方农村生物质清洁取暖大有可为[EB/OL]. https:/baijiahao.baidu.com/s? id=1708217331025302281&wfr=spider&for=pc. 2021-08-16.

二、我国生物质清洁供热发展主要瓶颈

近年来，国家密集出台《关于开展秸秆气化清洁能源利用工程建设的指导意见》《北方地区冬季清洁取暖规划（2017—2021年）》等多项政策。但时至今日，农村地区尤其北方生物质清洁供热仍未形成规模化应用，其中清洁取暖改造中“未立先破”或改造严重滞后现象较为普遍。截至2019年底，我国农村地区生物质清洁供热面积仅为1.1亿m^2，仅占农村供热面积的1.6%。[①] 究其原因如下。

（一）对生物质能源的功能属性及其发展潜力认识不足

据统计，我国每年约产生作物秸秆9亿吨[②]、畜禽粪便38亿吨[③]、林业三剩物4.5亿吨、生活垃圾2亿吨，这些生物质资源大多未能得到有效的能源化利用，反而因为被露天焚烧或随意丢弃而成为大气、水体和土壤污染的重要源头。我国尚缺乏全国“一盘棋”开发和“综合化”利用生物质能源的顶层设计和统筹规划，尤其是没有明确生物质能开发和利用的“生态”“零碳”双效益属性。受传统生物质资源“脏乱差”甚至认为其是仅次于散煤的高污染燃料等观念影响，各地能源结构规划上对生物质能形成了事实上的偏见，没有有效结合自身生物质资源禀赋，制定针对性强、可操作的实施方案和执行细则。

---

① 国际新能源网. 助力东北清洁供暖 生物质清洁供热产业亟待打破发展藩篱[EB/OL]. https://newenergy.in-en.com/html/newenergy-2408618.shtml. 2021-11-02.（中国产业发展促进会生物质能产业分会提供的数据显示，截至2019年底，我国农村生物质清洁供暖面积为1.1亿平方米，仅占农村供暖面积的1.6%。）

② 澎湃新闻. 赵皖平代表：每年产生9亿吨农林废弃物，可用于替代化石资源[EB/OL]. https://baijiahao.baidu.com/s?id=1627757972076352735&wfr=spider&for=pc. 2014-03-12.

③ 第一财经. 每年38亿吨畜禽废弃物只利用六成 专家解读三方面原因[EB/OL]. https://baijiahao.baidu.com/s?id=1591905883294499074&wfr=spider&for=pc. 2018-02-09.

(二)符合农村实际的生物质供热技术和装备严重缺乏

发达国家在生物质能开发和利用方面已居于领先地位并占领了绝对的产业主导权。我国在流动反应器、收集储运设备打结器、反应器自控系统等关键设备方面仍依赖进口;在规模化生物质热电联产、生物质热解气化、生物质制液体燃料等关键技术装备,高性能低成本生物集热单体加工和非金属仿真催化剂等关键技术领域虽已实现一定程度国产化,但尚未实现自主可控。此外,国际生物质先进燃烧供热技术和装备在我国农村地区推广困难,原因在于不能完全适应我国秸秆为主、预处理水平低且含水量变化大的生物质资源现状,也无法以可接受的成本在不同供热规模下实现安全、可靠、环保、高效运行。

(三)行业标准与监管机制不适应领域特点

目前,各地在制定大气污染物排放标准时,生物质燃料往往与煤炭划为一类,进而受到《火电厂大气污染物标准》(GB13223—2011)和《锅炉大气污染物排放标准》(GB13271—2014)的规制,而适合生物质燃料特点的排放标准尚未出现。此外,生物质能环保排放的评估与检测机制亦未形成,将生物质能的环保监管简单划归到化石燃料种类中,也在一定程度上影响了产业发展。

(四)生物质能供热补偿机制不足以激发企业积极性

成本问题是当前制约生物质能供热的主要因素之一,影响成本的原因包括自然村范围较广、管线建设投资大、秸秆收储运成本高等,目前国内生物质清洁供热项目多数仍然离不开补贴。然而,目前国内的补贴政策只是针对直接燃烧发电或热电联产机组,没有专门针对生物质供热方面的补贴政策;针对多种类生物质利用的计量标准体系尚未构建,且生物质能供热补贴到位不及时、欠补严重,以及燃料成本、税收的刚性支出使正常的生产经营难以维系等问题仍然存在。

三、在农村地区加快推广生物质清洁供热的若干建议

(一)明确战略定位,统筹城乡生物质能产业发展规划

一是充分认识生物质能开发利用对实现能源安全、"双碳"、乡村全面振兴等国家重大战略的支撑作用。明确生物质能的零碳可再生能源属性,并加大宣传力度,使生物质"零碳"理念得到更广泛认可。把农村清洁能源建设作为农村基础设施建设的重点领域,关注农村地区较为分散乃至单户供热规模的民用供热需求。围绕农村生物质能开发利用,推动将"煤改气""煤改电"优惠政策向"煤改生"延伸,因地制宜发展生物质能清洁供热。

二是推动生物质供热列入国家和地方清洁供热规划。尽快明确近期与中长期国家生物质能发展的战略目标、基本原则、技术路线及政策措施等。强化地方政府责任,依据国家规划因地制宜编制生物质能发展地方规划,以地区整体供热需求为导向,综合考虑本地清洁能源资源和经济水平以及电网、热力管网和燃气管网等条件,综合考虑生物质资源的周期性及各地区生物质资源量和利用率,统筹布局生物质清洁化供热热源分布及相关配套基础设施,以保持供需平衡,实现可持续发展。

三是推动新型清洁供热示范推广。基于"乡镇"小型分布式生物质热电联产项目研发,在重点区域打造一批"生物质能综合利用示范区"和"零碳示范村",探索可推广的模式。实施淘汰130t/h及以下燃煤锅炉专项行动,鼓励用生物质专用锅炉替代燃煤锅炉、集中供热替代个体锅炉,大力推动生物质能利用从单一原料和产品的模式转向原料多元化、产品多样化和高值化、多联产的循环经济梯级综合利用模式。

(二)强化科技支撑,开发生物质能利用技术和装备

一是专项支持生物质能利用技术和装备研发。加强具有自主知识产

权的新能源技术(群)开发,重点发展燃料预处理、生物质成型燃料、农林废弃物炭化燃料、清洁高效炉具、规模化生物质热电联产、燃煤机组掺烧/纯烧生物质燃烧技术、生物质热解气化和生物质制液体燃料等生物质能利用技术。

二是研究出台专项支持政策,鼓励创新融资模式。支持生物质发电企业进行热电联产改造,对改造企业给予一定投资支持等。将生物质供热等清洁供热项目列为政策性低息贷款的重点支持项目,对于实施生物质供热项目贷款的企业,适当延长相应项目贷款年限,下调贷款利息。支持生物质供热项目通过绿色债券、政府和社会资本合作等方式拓宽融资渠道。鼓励社会资本设立产业投资基金,投资清洁取暖项目的技术研发。

(三)优化市场环境,完善行业标准与市场监管机制

一是加快完善行业标准和监管机制。分阶段制定适合生物质供热发电特点的生物质锅炉(散料、成型)大气污染物排放标准以及生物质燃料收储运体系标准,加强生物质燃料质量监控体系以及生物质清洁供热项目的综合效益评估体系建设。充分考虑区域平衡因素,面向不同地区科学分解指标,强化相关标准和政策规范的部门间互认。

二是尽快完善碳市场建设,推动清洁供热多元共建共赢的长效机制。引导地方供热企业、投融资企业、热用户等积极参与生物质清洁供热项目,探索新型多元共建共赢机制。重点瞄准家禽家畜饲料、高品质燃料、生物炭基肥等高值化的转化途径,依靠科技创新增加产业附加值,实现生物质产业的转型升级,通过持续技术创新实现降本增效。

(四)优化补偿机制,构建生物质清洁供热保障体系

一是结合生物质供热的特殊性设计补贴政策。将生物质产业纳入国家碳中和发展基金、可再生能源发展基金给予支持,试点制定农户补贴、生物质炭化设备补贴、原料收集加工机械补贴等专项补贴政策并明确补贴方式。研究生物质替代化石燃料碳减排计量、规模化生物质热电联产、生物

质热解气化、生物质制燃气、生物质制液体燃料等集中供热装备及示范工程的补贴政策;结合产业发展趋势、电力负荷特性、各地工作实际等,适度加大对生物质燃料加工企业补贴力度,让目标企业享受农电价格,免收工业园区、企业等新建输电线路增容费等相关费用,引导其利用生物质燃料锅炉供热、发电。

二是加快形成生物质原材料供应保障体系。鼓励生物质成型燃料产业发展,对农村生物质燃料加工企业及相关产业链企业减免税收。建立城镇辖区木质垃圾收运系统,通过市政清扫或清运服务企业收运、委托废旧家具处理企业预约上门回收等方式,推动木质垃圾的高效利用和加工,形成生物质原材料有效供应保障机制。

第 12 篇　甲烷减排存在的问题及建议举措[①]

报告核心内容

2021 年 11 月，中美达成《中美关于在 21 世纪 20 年代强化气候行动的格拉斯哥联合宣言》，被称为“G2 气候协议”。其中第八条强调了“两国特别认识到”甲烷排放对于升温的显著影响，认为加大行动控制和减少甲烷排放是 21 世纪 20 年代的必要事项，并就甲烷测量、减排具体事宜达成了意向。此次中美气候宣言则表明中国不会缺席甲烷减排，并进一步承诺在国家和次国家层面制定强化甲烷排放控制的额外措施。我国计划制订一份全面、有力度的甲烷国家行动计划，争取在 21 世纪 20 年代取得控制和减少甲烷排放的显著效果。时间表相当紧迫，当前在甲烷减排上还存在一些亟待解决的突出问题。

甲烷作为全球第二大温室气体，约占温室气体排放中的 17%，但对气候影响特别重大，因其增温潜力值是二氧化碳的 21 倍，对目前人为气候变

① 本报告于 2022 年年初撰写报送，编入本书时做了适当调整。撰写人：秦诗立（浙江省发展规划研究院研究员）、张旭亮（浙江大学国家制度研究院特约研究员）、毛翰宣（浙江省发展规划研究院研究员）。

化的“贡献”高达30%左右。并且在未来的几年，甲烷还将呈现增长趋势，其对温室效应的影响会越来越大。减少甲烷排放是近阶段最直接、最有效的应对气候变化的措施之一。“十四五”规划和2035年远景目标纲要首次明确，要“加大甲烷等温室气体控制力度”，在“十四五”期间，我国将制定相关行动方案，推动油气、煤炭等领域的甲烷控排工作。2021年11月10日，在英国格拉斯哥举行的《联合国气候变化框架公约》第26次缔约方大会上，90余国加入“全球甲烷承诺”，承诺到2030年前将削减甲烷的排放至2020年的70%。[①] 与此同时，中国和美国联合发布《中美关于在21世纪20年代强化气候行动的格拉斯哥联合宣言》。作为负责任大国，我国高度重视甲烷减排，但我国尚未加入“全球甲烷承诺”，原因在于尚面临较多现实困难。本报告系统分析甲烷减排面临的现实困难并提出针对性举措，以稳妥推进甲烷减排并助力碳达峰碳中和目标实现。

一、我国甲烷减排面临现实困难

我国2023年将以经济建设为中心，甲烷减排推行还需做好协调。目前我国正遭遇“需求收缩、供给冲击、预期转弱”三重压力，须坚持“稳定当先、稳中求进”总基调、总要求，明确2023年工作以经济建设为中心。因此，在“减碳”“双减”“房地产下行”等形势下，再推行甲烷减排，如果不协调好，局部合理的政策叠加在一起后容易形成负面效应。

相对欧美国家，我国甲烷减排有关研究成果、技术储备尚不足。近30年来，欧美国家为减排甲烷已持续开展相关科研技术活动，积累了大量的科研成果、观察数据和工作经验。相对来说，我国在这方面积累还相对偏弱、偏少，缺少针对甲烷减排的研究机构平台，需要较长的时间进行相关基

① 国家能源信息平台. 警惕美欧借“全球甲烷承诺”转嫁温室气体减排责任[EB/OL]. https://baijiahao.baidu.com/s?id=1715830207870360765&wfr=spider&for=pc. 2022-04-04.

础工作的储备、积累、充实。

甲烷减排面临技术难题，导致我国甲烷回收利用水平不高。全国煤矿一年释放的瓦斯量在 500 亿 m^3，抽采量只有 180 亿 m^3，有 300 多亿 m^3 瓦斯被排放。在生产过程中、矿井关闭后，采空区产生裂隙，井下瓦斯由此散发到地表，也会产生甲烷排放。目前，我国对废弃矿井瓦斯利用尚处于摸索阶段。研究表明，到 2030 年，我国废弃矿井数量将达到 1.5 万处①，若不加以控制，甲烷排放量将随之大大增加。

我国重工业发达，一次性能源结构调整优化任务艰巨。我国沿海地区钢铁、石化、船舶等重工业发达，内陆地区煤炭、矿业等重工业发达，且能源结构偏重煤炭，产业、能源的结构调整与技术优化任务很艰巨，甲烷减排的节奏和力度还需充分考虑经济发展、充分就业等的承受力，特别是当前面临“三重压力”挑战，更需花较长时间来有序推进。

农牧业是发展之基，为减排甲烷而控制农牧业发展存在较大风险。农牧业发展过程中产生的甲烷气体排放本是自然碳循环的过程，对其中甲烷生成、排放及其减排的细节研究还待进一步深化、掌握。此外，农牧业具有很大的不可替代性，特别是稻米作为我国最主要口粮又有着特殊地位，为了甲烷减排而进一步调控农牧业发展，相应的方法、技术改变需慎之又慎，以确保我国可“牢牢地把饭碗端在手上”。

甲烷减排所需的精准监测、计量网络大数据系统尚未构建。目前我国尚未建设相关网络和系统，特别是目前使用的卫星还不太擅长捕获较小量的甲烷泄漏，卫星分辨率也还需要进一步提高，尤其是在恶劣天气时的分辨率表现能力亟须提高。此外，还需建设相关的无人机监测系统，作为对重点地区、特殊领域甲烷排放监测的必要补充。

甲烷减排依赖精准管理，建设甲烷泄露监测系统规模大、成本高。国

① 福建图书馆. 综述——甲烷减排：另一个必须完成的任务[EB/OL]. http://www.fjlib.net/zt/fjstsgjcxx/zbzl/lhtk/2022_03/202112/t20211231_469060.htm. 2022-04-04.

外公司多采取自上而下的减排方式，通过卫星、无人机等遥测来监控泄漏数据。中国要实现甲烷减排，需要对每口井精准管理。比如，通过系统建设测出每个点的泄漏情况，提高泄漏点修复率。但从实际来看，对那么多监测点进行投入，规模大、成本高，不太现实。油气行业甲烷减排相对容易，初期成本也较低。但到达一定阶段之后，减排成本会呈现非线性上升趋势。①

二、稳中求进推动甲烷减排若干建议

健全相关法律法规，使甲烷减排有法可依。我国目前关于甲烷减排相关的法律体系并不完善，在各方面都还存在着较大的缺陷，并且目前只是提出了大概的框架，细致的内容都没有讲清讲明。很多基本法规均为原则性内容，实际操作性不强，这给依法控制甲烷排放带来困难。因此，我国应该加快完善相关的法律法规以及配套的细化法规，各地方政府也应积极发挥职能作用，制定和完善具体的地方甲烷减排处理相关法规和标准，使有关部门能够依法加强管理，规范甲烷减排处理行为。② 除了制定法律法规，要想真正落实甲烷减排行动，还必须有资金投入，政府应制定严格的、切实可行的财政经济政策来确保减排甲烷项目的顺利实施。中国目前是全世界甲烷排放量最大的国家，在甲烷监测和减排领域刚刚起步，应该积极借鉴国际上的甲烷减排立法及措施，结合国内的实际情况，合理改善，为全球甲烷减排贡献属于中国的一份力量。③

---

① 解正一，蒋宏业，徐涛龙，解东来．加拿大油气行业甲烷排放控制的政策与法规[J]．煤气与热力，2021(11)：16-19.

② 王颖凡，徐先港，董建锴，解东来，杨罕玲．美国油气行业甲烷减排立法及技术[J]．煤气与热力，2020(11)：35-41＋43.

③ 杨罕玲，秦虎，汪维．美国油气行业甲烷减排措施及启示[J]．环境影响评价，2019(01)：20-23/27.

将甲烷减排逐步纳入重大战略行动框架，明确其助力“双碳”目标重要地位。在《关于完整准确全面贯彻新发展理念做好碳达峰碳中和工作的意见》《2030年前碳达峰行动方案》具体执行中，适时把甲烷减排相关部署、任务、政策等纳入，作为“双碳”目标的有机组成部分。积极推进《宣言》具化实化，考虑到美国已在甲烷减排上有着较完善的技术储备和工作计划，建议我国可在《宣言》落实中积极争取美国的相关理解、支持，以利于充实中美共同关注和支持事项，增进提高甲烷减排的成效。适时加入《承诺》大家庭，以便争取有利于我国的相关规则制定、计划开展、技术转移、资金分配、任务承担等，利于合作提升甲烷减排的区域和全球协调与治理的水平。

大力减少化石能源甲烷排放。石油和天然气行业领域，建议以加快国内相关技术攻坚与产业化试点和推广为基础，积极借鉴欧美已较完善的政策工具与技术改进，加快低成本地实现当前约70%的甲烷减排；加强石油和天然气行业泄漏检测及维修要求、技术标准以及对非紧急燃烧与排气禁令的严格执行，并借助关于排放和减排机会的更准确和可靠数据支持，进一步实现约15%甲烷减排。煤炭领域，在有序降低煤炭供电供热需求占比的同时，建议进一步推广利用清洁技术，来有效实现煤炭开采和利用中的甲烷减排。现有和废弃矿井领域，建议鼓励更好地管理现有和废弃矿井的甲烷泄漏，采取措施利用更多的甲烷并限制废弃场地的排放。同时，减少甲烷排放但不以甲烷为主要目标的其他措施，可能会在未来几十年有助于甲烷减排，如深度脱碳措施、向可再生能源过渡以及整体经济能源提升等。此外，还应根据我国能源资源特点和经济发展水平，积极利用市场机制调整能源结构和产业结构，改进终端使用甲烷的排放量。

着力建设农业领域甲烷排放。水稻等主要作物领域，建议在充分试点的基础上，采用、推广干湿交替的种植技术，在整个生长季节对稻田进行2～3次灌溉和排水，而不是采用“大水漫灌”方法，在不影响产量情况下实现甲烷排放减半，同时还可减少三分之一的水消耗[①]；在奶牛等动物饲养领域，建议积极加快替代型饲料研发，以减少奶牛的甲烷排放量，并通过对动物粪便进行覆盖、堆肥或用于生产沼气，加强对动物粪便的有效管理；农作物废弃物领域，建议重点结合乡村振兴战略实施，加强沼气的充分利用及其泄露监控。总之在农业领域，要提高能源、资源的利用率和节能水平，鼓励开发高效、洁净、经济的甲烷及其他新能源，以促进能源利用的多样化。[②]

深度增强甲烷减排技术创新能力，加强甲烷减排技术攻关。鼓励高校院所开展甲烷减排核心技术攻关、标准制定等，建立甲烷指纹、甲烷足迹、甲烷标识相应的方法与技术、计量步骤与操作规范、评价标准。在开展技术创新、操作方法创新的过程中，要充分地借鉴和利用国外已有的技术和经验，研究表明，推广优良操作方法、维护现有系统、广泛应用当今已有的技术并借鉴发达国家已有的技术和经验，可以避免甲烷排放预期增量的相当一部分。[③]

加大甲烷排放实时监测及大数据分析、精准处置。建议重点加快专门或重点用于甲烷排放监测的卫星研发及其地面相关支持站点、感应器的设置与联网，加快综合型和专用型大数据分析、预警系统的建设，积极建成全国一张网的甲烷监测、分析、预警、处置体系。

及时总结提炼，促进经验推广。借鉴国外甲烷排放治理进程，在没有完全把握制定明确政策措施的条件下，先梳理并总结行业减排最佳实践，逐步推广试点示范，在获得广泛验证的前提下提升至行业标准甚至强制性要求，是适用于我国行业甲烷排放综合治理的有效路径。目前，行业内较

---

① 碳交易网. 迈向碳中和，甲烷减排刻不容缓！[EB/OL]. http://www.tanjiaoyi.com/article-34482-5.html. 2022-04-04.

② 张福凯，徐龙君. 甲烷对全球气候变暖的影响及减排措施[J]. 矿业安全与环保，2004(05)：6-9+38-75.

③ 董文娟，孙铄，李天枭，杨秀，李政. 欧盟甲烷减排战略对我国碳中和的启示[J]. 环境与可持续发展，2021，46(02)：37-43.

具影响力的甲烷减排最佳实践均来自于国外经验，有些做法值得借鉴，但更多做法没有考虑我国行业现状。在甲烷减排方面开展过大量工作，我国甚至很多方面领先于国际，只是过去没有进行梳理和总结。在全球低碳发展进程下，碳排放成为未来与多方沟通的通用话术，建议集思广益，积极分享成功经验，编制我国甲烷减排实践指南并推广应用，以切实减少甲烷排放。

第13篇　面向可持续发展的绿色基础设施建设①

报告核心内容

基础设施系统构成每个社会的支柱，提供包括能源、饮用水、卫生设施、农业和工业生产、废物管理、运输和电信在内的基本服务，确保经济得以正常运行。然而，目前基础设施对自然资源不可持续的利用模式，造成了气候变化、自然和生物多样性衰退以及废弃物污染问题。要解决这三大全球性危机并实现《2030年可持续发展议程》中的各项目标，迫切需要反思当前基础设施系统存在的问题。我国对基础设施的投资处于历史最高水平，这些决策将锁定未来的发展模式。为此，本报告建议从顶层系统规划、开展可持续性的综合生命周期评估和循证决策、攻关建材低碳技术、创新绿色建造标准等方面入手，探索处理基础设施在环境、社会和经济层面可持续问题的途径，全力保障碳达峰与碳中和目标如期实现。

① 本报告于2022年3月份撰写，部分内容提交国网浙江省公司，编入本书时做了适当修改。本文撰写人：高超超（浙江大学环境与资源学院副教授）、刘提（国网浙江省电力有限公司建设分公司高级工程师）、吴伟（浙江大学中国科教战略研究院副研究员）。

随着人口、资源、环境及应对气候变化压力与日俱增，绿色发展成为各国谋求经济快速发展的战略选择，气候变化约束也成为各国能源消费选择中最重要的约束之一。美国、日本等国纷纷提出“绿色发展新政”，欧盟制定“欧盟2020战略”，低碳绿色革命正在发达国家和新兴市场国家蓬勃兴起。基础设施系统是经济增长的驱动力，是可持续发展的核心，为人们提供改善生计和福祉所需的基本服务和经济机会；而不可持续、规划不良和交付不善的基础设施也会产生极大的负面影响。灰色基础设施（包括建筑、交通和发电基础设施）的建设和运营所产生的温室气体排放量，约占全球温室气体总排放量的70%①，并对生物多样性和生态系统服务产生直接和间接的影响。②

一、基础设施的可持续发展属性

一是基础设施直接或间接影响绝大多数可持续发展目标实现。据统计，基础设施直接或间接影响着联合国169项具体可持续发展目标(SDGs)92%目标的实现。③ 基础设施是第9类可持续发展目标（即“工业、创新和基础设施”）的重要组成部分。水和能源基础设施保障各类经济和社会活动，对实现可持续发展目标的直接影响最大；交通基础设施使接触和参与社会经济活动成为可能，具有最广泛的间接影响；数字和通信基建在提供广泛服务方面发挥日益普遍的作用，使其在实现可持续发展目标中

① World Bank Blogs. Low-carbon Infrastructure: An Essential Solution to Climate Change? [EB/OL]. https://blogs. worldbank. org/ppps/low-carbon-infrastructure-essential-solution-climate-change. 2018-04-05.

② Bongaarts J. IPBES, 2019. Summary for Policymakers of the Global Assessment Report on Biodiversity and Ecosystem Services of the Intergovernmental Science-Policy Platform on Biodiversity and Ecosystem Services[J]. Population and Development Review, 2019, 45(3).

③ Thacker, S., Adshead, D., Morgan, G. Crosskey, S., Bajpai, A., Ceppi, P. et al. Infrastructure Underpinning Sustainable Development[R]. Copenhagen, Denmark: UNOPS, 2018.

具有最大的整体影响力。

二是基础设施系统是一个复杂的社会—技术复合系统。基础设施系统由有形资产(即硬基础设施)以及使得硬基础设施得以运行的知识、机构和政策框架(也称软基础设施)所组成的、复杂的社会—技术复合系统[①]。基础设施由嵌入的物理技术积累组成,同时在人类社会内代表系统运作。在不同层级和规模上运行的物理网络,依赖于治理系统来建立基础设施政策和优先事项,调动资金,并采购、运营和规范基础设施网络。物理和社会组件之间的这种相互作用提供了锁定的可能性,即长期资产塑造未来的行为和发展模式。

三是基础设施可能产生有害的社会和环境影响。无论是在施工期间还是在资产的生命周期内外,基础设施都可能产生有害影响。另一方面,在人口高度集中的城市环境中,基础设施可以通过提高规模效应尽量减少人类活动影响环境的强度。基于历史角度,城市就是围绕基础设施的网络节点发展起来的。为了使基础设施发挥积极作用,必须在提高基础设施的社会、环境和经济效益的同时管理其对人类和地球环境造成的潜在风险。

四是基础设施发展趋势和格局模式对社会有重大影响。[②] 因为基础设施的长生命周期,应具有适应不断变化的条件的韧性、响应性和灵活性。当前,发展中经济体的快速城市化、人口增长和工业化推动了对基础设施服务日益增长的需求;而基础设施网络相对成熟的发达国家也有大量老化的基础设施资产需要更换、修复或拆除。全球基础设施是否可持续,取决于未来一段时间的大量基础设施发展如何规划与落实。规划不善的基础设施将增加生产成本、降低竞争力,对不可持续基础设施的投资可能会给

① Thacker, S., Adshead, D., Fay, M., Hallegatte, S., Harvey, M., Meller, H., O'Regan, N., Rozenberg, J., Graham Watkins G., Hall J. Infrastructure for Sustainable Development[J]. Nature Sustainability, 2019(2): 324-331.

② Weijnen, M., Aad Correljé. Rethinking Infrastructure as the Fabric of a Changing Society: with a Focus on the Energy System[M]. Berlin: Springer, 2021: 15-54.

子孙后代留下债务危机。[1]

二、“双碳”目标下我国基础设施发展面临的主要挑战

当前我国经济已由高速增长阶段转向高质量发展阶段，其重要内涵之一就是实现整个国民经济体系的绿色化。党的十八届五中全会提出“创新、协调、绿色、开放、共享”五大发展理念。习近平在多个国际场合阐述了应对气候变化对构建人类命运共同体的重要性，并于2020年9月联合国大会上提出我国“二氧化碳排放力争于2030年前达到峰值，努力争取2060年前实现碳中和”的庄严承诺。基础设施建设历来是能耗大户，“双碳”目标的提出对于基建领域既是挑战也是机遇：可持续发展不再是行业自身“高标准严要求”的加分项，而是生存和发展的“及格线”，是企业硬性的转型驱动力。其挑战主要体现在如下几方面。

一是基础设施建设关系建材、冶金、轻工、电子等50多个相关行业发展，碳减排涉及环节多、管理链条长、减排压力大难度高。需要坚持系统思维，变被动节能为主动控碳，实行工程建设项目全生命周期内的绿色建造与绿色运维。

二是以电为中心的能源转型需要依靠电网基础设施来实现电能的输送、转换、配置和互动，而电网基础设施建设可能导致大量碳排放。2019年我国电力行业碳排放量约为42亿吨，占全球电力行业碳排放量的37.0%。[2] 要实现“双碳”目标，必须加大力度促进电力行业低碳转型发展，在上游发电，中游输配电、交易与调度，或是下游售电与服务中尽最大

---

① Thacker, S., Adshead, D., Fay, M., Hallegatte, S., Harvey, M., Meller, H., O'Regan, N., Rozenberg, J., Graham Watkins G., Hall J. Infrastructure for Sustainable Development[J]. Nature Sustainability, 2019(2): 324-331.

② 英国气候智库EMBER,《全球电力行业回顾2020》.

可能挖掘减排潜力。另一方面，我国自然资源分布不均，电力负荷中心与自然资源丰富区逆向分布，若要实现能源开发和消费上的全面清洁替代和电能替代，远距离大规模跨区域电力输送将成为我国电力系统的显著特征，而电网建设伴随生态环境影响，尤其是其工程碳足迹。我国京津冀、长三角、珠三角等地区的快速城市化发展导致用电需求剧增，加速了城市电网的扩张，输变电基础设施所带来的碳排放量也大幅增长。[①] 随着未来中西部城市化的演进，输变电基础设施建设将不断扩张，如果没有顶层系统规划，可能导致大量碳排放。

三是作为我国能源消费和碳排放三大领域之一的建筑领域，由于起步晚，存在重设计、轻运行等诸多问题，低碳转型任重道远。2019 年我国建筑领域碳排放总量为 39.8 亿吨，占全国碳排放总量近 40%[②]。当前模式下大规模城镇化建设带来的高碳排与“双碳”目标存在尖锐矛盾，需要通过规划途径、建设途径、能源途径和管理途径四个方面的“竞合”，实现城镇现代化与碳减排的双重目标。

三、“双碳”目标下我国基础设施发展面临的重大机遇

世界正在进入数字低碳化为主导的经济发展时期，部分发达国家相继发布了基于数字技术的建造业发展战略，如美国的《基础设施重建战略规划》和英国的“建造 2025”战略等。2022 年，住房和城乡建设部等十三部门联合发布《关于推动智能建造与建筑工业化协同发展的指导意见》，确立了 2035 年迈入智能建造世界强国行列的总目标。电力和建筑等基础设施领

---

① Wei W, Li J, Chen B, et al. Embodied Greenhouse Gas Emissions from Building China's Large-scale Power Ttransmission Infrastructure[J]. Nature Sustainability, 2021: 1-9.

② 冯国会，崔航，常莎莎，黄凯良，王茜如. 近零能耗建筑碳排放及影响因素分析[J]. 气候变化研究进展，2022，18(02)：205-214.

域是数字化、智慧化转型的前沿阵地。在“双碳”目标推动下，基础设施绿色发展有望驶入快车道。其重大机遇可能在于：

一是作为尚未纳入监管的能源消耗大户，基建领域具有巨大的碳减排潜力和市场发展潜力。促进基建行业快速向低碳、绿色方向转型，是能否顺利实现“双碳”目标的关键领域之一。基础设施系统之间日益密切的相互依存关系，意味着绿色建造及相关技术产品的推广应用是推动我国社会经济绿色低碳循环发展的重要抓手。基建部门的绿色低碳转型，不仅将从产品形态、商业模式、生产方式、管理模式和监管方式等方面重塑行业，还可以催生新产业、新业态、新模式，为跨领域、全方位、多层次的产业深度融合提供应用场景，培育壮大新动能。

二是随着社会迈入智能动力时代，将引发基建领域快速低碳变革。基建行业发展呈现数字技术与绿色建造深度融合、个性化定制与标准化装配融合的发展趋势，将为建造、建材等领域低碳变革提供一系列先进技术手段和重要场景依托。比如，装配式建筑采用标准化设计、工厂化预制、装配化安装的建造模式，可有效解决环境污染、资源浪费、劳动力短缺等问题；而基于人工智能与建筑信息模型(BIM)的智能深化设计方法，为推进装配式建筑的智能化和数字化提供了方向。以中国建筑集团的 IABM 智能装配造桥机为例，该设备将工厂预制的立柱、盖梁和箱梁在现场完成一体化安装，能在 30 分钟之内架设好一片 200 吨重的盖梁，每公里架设施工可节省 7 天。[①] 这些发展与变革，为基础设施建设的集约高效化和智能低碳化发展提供了条件。

三是“双碳”目标呼唤电力行业低碳转型发展，有利于在能源开发和消费上全面实现清洁替代和电能替代。输配电基础设施在实现“两个替代”中发挥着关键性作用。欧洲为应对气候变化，未来 10 年需要新建或升级 45300 km 输电线路来输送更多的清洁可再生能源，但这一电网扩建工程

---

① 樊志.“双碳”目标下建筑业绿色发展的实施路径[J].中国经济周刊，2022，(07)：107-109.

所导致的碳排量可能达10.7 Mt CO_2 当量。[①] 本文通过对我国九条输送可再生能源的特高压输变电工程的研究显示，总长18050km的电网工程建设碳排量可达22.3Mt CO_2 当量。另一方面，如果这九条电网满负荷运行40～60年，工程建设碳排放相对于电能替代所减的碳排而言就可忽略不计（见图13-1）。因此，"双碳"目标既催生了具备远距离、大容量输送可

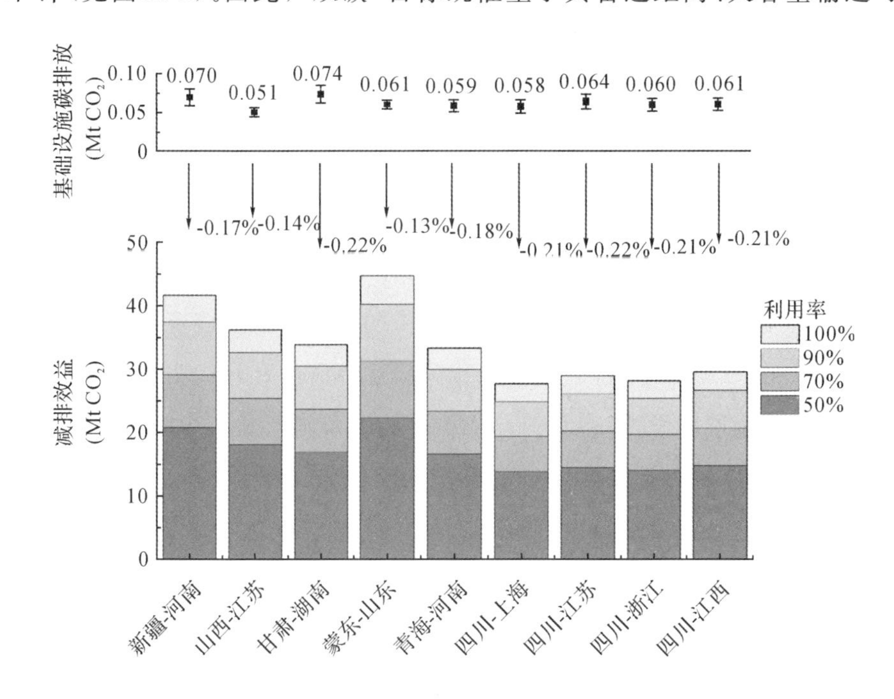

图13-1　我国9项特高压输变电工程年均输送清洁电力碳减排量以及相应工程建设碳排放量

注：每项工程以其线路两端省份命名。渐变色柱形图代表了不同工程在利用率分别为50%、70%、90%和100%时由于可再生能源电力输入替代本地火力发电产生的减排效益。图上方数据展示了根据运行年限（假设为40年）获得基础设施年均量的碳排放。箭头右侧百分比代表了当利用率为100%时，输变电工程基础设施碳排放对其减排效益的削减百分比。

① Jorge R S, Hertwich E G. Grid Infrastructure for Renewable Power in Europe: The Environmental Cost[J]. Energy, 2014, 69: 760-768.

再生能源的白鹤滩—浙江等一批特高压输电线路工程，同时又要求资源节约、生态环保、标准规范、技术先进、经济高效的新型智能绿色电网建设模式，以保障电力系统的深度脱碳。

四、面向可持续发展的基础设施绿色建造对策建议

2022 年 4 月 26 日召开的中央财经委员会第十一次会议明确提出，基础设施是经济社会发展的重要支撑，要统筹发展和安全，优化基础设施布局、结构、功能和发展模式，构建现代化基础设施体系，为全面建设社会主义现代化国家打下坚实基础。由上可知，基础设施的全生命周期涉及碳排放量巨大、减排潜力显著，因而急需进一步明确其碳排放核算边界、核算框架、驱动因素和减排举措，全面支持我国碳达峰碳中和目标实现。

一是强化顶层设计，将基础设施碳排放纳入国家碳资产核算和管理体系中。推行战略规划，以确保基础设施相关决策、规划与设计与全球可持续发展议程、国家“双碳”目标一致，并赋能环境。比如在电力低碳化进程中，随着发电端碳排放强度的下降，电力碳排放将逐渐集中到电网建设和输送损耗环节。在拟定基础设施项目时，应将整个基础设施生命周期的碳排放和其他外部成本等相关指标纳入考虑范围，将可持续性纳入规划方案。在项目实施过程中，采购方可通过描述期望的环境和社会绩效指标等相关绩效水平将可持续性纳入基础设施采购；通过明确预期的成果而不限定实现成果的方法，更好地利用社会力量，寻找创新的、可持续的基础设施解决方案。[①]

二是实行工程建设项目全生命周期内的绿色建造。在设计期使用 BIM 消减过度设计，提升工程规划、勘察、设计、施工、运营维护等各阶段

---

① Turley, L., Hug Silva, M., Benson, S., and Dominguez, C. Performance-Based Specifications: Exploring when They Work and Why[R]. Winnipeg, Manitoba, Canada: IISD; 2014.

质量和效率，提高能效和可再生能源利用水平。在施工期鼓励集约施工和原材料循环利用，采用智能化装备和管理，提升作业现场的能效、时效和安全性。加大应用以低碳节能为首要目标的绿色环保建筑材料，如绿色高性能混凝土、再生骨料混凝土、绿色墙体材料等；推广使用高强度高性能混凝土、高强度钢筋、高耐久性材料，减少原料对生产加工、交通运输以及电力的基本要求；研发能够有效延长建筑使用寿命的轻质材料，节约施工材料和运输、吊装相应能耗。提高资源效率和循环性，从而最大程度地减少基础设施的自然资源足迹，减少碳和废弃物排放。

三是重塑钢铁和水泥等建材工业，积极推动建材碳捕获与封存技术研发。研究显示，我国70%以上的碳排放来自制造业和能源工业，其中钢铁、水泥、石灰和其他建材生产的碳排放占69%。快速城镇化的地区，建材生产碳排放还有加快增长趋势。另一方面，技术进步引致的能源强度下降的边际效应凸显，需要重塑钢铁和水泥等建材生产工艺，研发原材料替换的创新技术和工艺来降低原材料生产过程的碳排放。比如使用其他物质或电解还原铁矿石，或其他材料替代石灰石来生产水泥；通过"直接还原铁"(DRI)工艺生产钢铁，其技术核心是利用氢气和从甲烷或煤中提取的一氧化碳作为能源，而不需要使用焦炭。再如降低水泥中的熟料含量①，应用建筑垃圾发展碳捕捉和碳封存技术②，将水泥碳化的海绵效应纳入水泥行业的整体"气候账户"。

四是降低运输碳排放，在设备和原材料政府采购及其建材生产审批中将运输碳成本纳入约束条件清单。在无法改变工程建设原材料和设备投入的情况下，优化原材料的运输距离对于降低碳排放而言尤为重要。我们基于浙江省19个输变电工程案例分析显示，通过优化匹配工程建址和建

---

① Cao Z, Myers R J, Lupton R C et al. The Sponge Effect and Carbon Emission Mitigation Potentials of the Global Cement Cycle[J]. Nature Communications, 2020(11): 3777.

② Xi, F., Davis, S., Ciais, P. et al. Substantial Global Carbon Uptake by Cement Carbonation [J]. Nature Geoscience, 2016(9): 880-883.

材供应商，可以节省大约70%的混凝土和钢材运输碳排放。因此，在工程设备和原材料政府采购中应将运输距离纳入设备和原材料采购的招投标方案中。另外，在建材企业选址环保审批中运用系统思维，综合考量上游原材料（包括污水处理厂污泥或垃圾焚烧炉渣）供应商和下游采购商的运输距离，以减少行业整体运输碳排放和相应的社会成本。

五是开展可持续性的综合生命周期评估，积极引入循证决策流程。在固有的评估方法中，基础设施的环境和社会影响往往只在项目层级被考虑，不同基础设施系统和行业之间的协同作用和相互依存关系，以及它们对自然和社会的累积影响没有得到足够重视。当基础设施被视为一个“由系统组成的系统”（the infrastructure system of systems）时，不同项目和行业之间的权衡—协同作用就可以相互平衡，进而在提供服务和实现国家可持续发展目标方面实现更有效的基础设施投资分配。[①] 牛津大学牵头开发的全国基础设施系统模型（NISMOD）可通过跨部门分析，确定战略优先顺序，估计未来基础设施需求，提出与国家优先事项以及国际承诺（如联合国SDG目标或《巴黎协定》中减缓气候变化的承诺等）相一致的综合解决方案。在基础设施规划过程的早期识别和处理潜在风险，有助于项目实施更具可持续性、更符合用户需求和期望。在规划实施过程中引入循证决策，包括根据关键性能指标对基础设施的性能和影响进行定期监测，促进基础设施生命周期所有阶段的相关数据被识别、收集、管理、分析与反馈，以便做出基于事实的决策或适应性调整。

① Hall, J. W., Tran, M., Hickford, A. J. and Nicholls, R. J. (eds.). The Future of National Infrastructure: A System of Systems Approach[M]. Cambridge, UK: Cambridge University Press, 2016: 1-28.

第14篇　挖掘乘用车碳指标管控的碳减排潜力①

报告核心内容

交通运输行业是碳排放的重点部门之一，交通领域的碳减排管控，对于全面实现碳达峰、碳中和具有重大意义。目前，乘用车作为交通领域的主力车型，其碳排放具有分散性、间歇性、不易控制等特点，要实现对其高效的管控仍存在巨大障碍。为此，本报告建议采用年均燃油或行驶里程限制量作为乘用车碳指标，研究乘用车碳指标策略，通过形成碳指标核算指南、建立碳计量及管控平台、实施阶梯碳价政策等措施，为交通行业尽早实现碳达峰奠定基础。

应对全球气候变暖，加强全球气候治理，改善自身生存环境已成为无法回避的重大议题。2015年11月，联合国气候变化框架公约第21届缔约方会议通过了《巴黎协定》，提出在21世纪中叶实现全球温室气体净零排放的目标。减排和绿色发展是习近平生态文明思想的重要内容，生态环境需求也已成为人民群众日益增长的新需求，同时社会发展面临着来自于

① 本报告于2022年4月份撰写报送，编入本书时做了适当调整。撰写人：张清宇（浙江大学环境与资源学院研究员）、董梦婷（浙江大学环境与资源学院研究生）等。

资源、环境和气候变化的更多压力。2020年9月22日，国家主席习近平在第七十五届联合国大会提出我国“力争2030年前碳达峰、2060年前碳中和”的目标，同年12月在气候雄心峰会上进一步宣布提升国家自主贡献的一系列新举措，得到国际社会高度赞誉。在供给侧方面，国家已经出台了以优化能源结构为代表的多项政策，同时不难发现对消费侧的关注尚显不足。交通运输领域碳排放总量约占我国碳排放总量的30%左右，其中乘用车作为交通领域的主力车型，在城市交通系统中发挥着举足轻重的作用，其碳排放量占道路交通的70%，是消费侧的重要碳源之一。而乘用车碳排放具有分散性、间歇性、不易控制等特点，因此构建系统性、协同性、整体性的乘用车碳指标管理策略体系对交通运输领域碳达峰实现具有重要价值。

一、全国车辆现状分析及碳指标确立

(一)乘用车保有量不断增长

近10年来，我国私家车的增长速度惊人。据资料显示，我国乘用车千人保有量从2010年的58.2辆提升为2020年的193.1辆，其数量已经从2010年的5072.63万辆增长到2020年的22395万辆，增长了341.5%。根据过去10年全国乘用车保有量，采用回归曲线拟合方法对全国2021—2030年乘用车保有量进行预测，预计2030年全国乘用车保有量40302万辆，比2020年增长80%(见表4-1)。其中汽油轿车保有量37361万辆，混合动力轿车保有量2883万辆，公交车59万辆。到2030年，预计我国乘用车千人保有量将达到250辆左右。当然，对比美国、澳大利亚、加拿大、意大利、日本乘用车千人保有量(分别为：837、747、695、670、591辆)来看，随着生活水平提高，上述预测可能会偏于保守。

表 14-1　乘用车保有量预测　　　　（单位：万辆）

乘用车类型		年份									
		2021	2022	2023	2024	2025	2026	2027	2028	2029	2030
轿车	汽油	23419	25168	26925	28682	31003	30680	32346	34021	35695	37361
	混合动力	621	673	716	759	239	2362	2497	2622	2748	2883
公交车		72	71	69	68	66	65	63	62	60	59

（二）乘用车碳排放预测

排放因子是 CO_2 排放量估算的基础。本研究采用比较适合发展中国家的排放模型 IVE（international vehicle emission model）进行计算，该模型经过本课题组多年的研究修正，建立了 2004—2030 年基于行驶距离的动态车辆排放系数，建立起动态排放系数计算公式：

$$EF_{i,j} = \sum[RT_k \times (TVN_{(i-1),j} \times EF_{(i-1),j} - RVN_{i,j} \times REF_{(i-1),j} + IVN_{i,j} \times IEF_{i,j})/TVN_{i,j}]$$

其中 i 是预测年份，j 是车型，k 是道路类型，RT_k 是道路类型 k 的权重，EF 是排放因子，TVN 是车辆总数，RVN 是废弃车辆数量，REF 是废弃车辆的排放因子，IVN 是新增车辆数量，IEF 是新增车辆的排放因子。乘用车 CO_2 排放因子指标值如图 14-1 所示。

（三）碳指标构建

本研究以 2020 年为基准年，设置基准情景（BAU）和碳排放达峰情景（CEP），对 2021—2030 年全国乘用车碳排放情况进行预测，从而推演碳达峰目标下的乘用车碳指标。

(1)基准情景（business as usual，BAU）

以 2020 年为基准年，以不采取任何减排措施的条件下，按现有乘用车发展水平作为基准情景，假设 2021 年后机动车的发展速度与 2010 年到 2020 年相同，对未来机动车发展情况进行预测。根据乘用车的数量、排放因子及年均形式里程计算出 2021—2030 年 CO_2 排放量。预计我国乘用

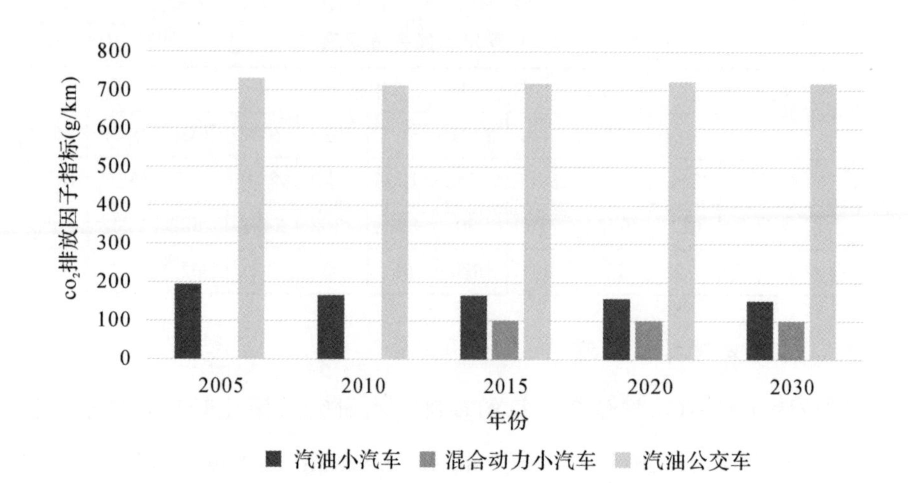

图 14-1 乘用车 CO_2 排放因子指标值(g/km)

车 CO_2 排放量将由 2021 年的 7.01 亿吨一直增长到 2030 年的 11.22 亿吨,增长 60.2%。(见表 14-2)

表 14-2 BAU 情景下 CO_2 排放量 (单位:万吨)

乘用车类型		年份									
		2021	2022	2023	2024	2025	2026	2027	2028	2029	2030
轿车	汽油	68172	72987	77795	82544	8889	87646	92046	96457	100825	104403
	混合动力	1183	1272	1362	1451	454	4487	4726	4978	5220	5421
公交车		707	3028	2973	2817	2142	2712	2631	2552	2472	2381
合计		70062	77287	82130	86812	11484	94845	99403	103987	108517	112205

(2)碳排放达峰情景(carbon emission peak,CEP)

由于汽油小轿车是陆路交通碳排放的主要来源,减少其 CO_2 排放是实现乘用车碳达峰目标较为有效、可行的方法。碳峰值时间的出现受到诸多因素影响,如人口规模、人均 GDP、产业结构等,为确保乘用车 2027 年碳达峰目标的实现,设定在碳排放达峰情景下,2025 年后乘用车 CO_2 排放总量保持不变,混合动力汽车在新车销售中所占比例不变,公交车保有量不变。并以汽油小汽车的年均行驶里程作为碳指标，研究得出 2025 年达峰时 2026—2030 年汽油小汽车年均行驶分别为 1.64、1.58、1.53、1.49、1.44万公里，如果 2027 年达峰，则 2028—2030 年汽油小汽车年均行驶分别为 1.65、1.59、1.55 万公里。（见表 14-3）据此确立的碳指标有具体性和可落实性，能为后续政策制定提供理论依据和技术支撑。

表 14-3　CEP 情景下碳指标

碳指标		2026	2027	2028	2029	2030
2025 年达峰前景	行驶里程/万 km	1.64	1.58	1.53	1.49	1.44
	油量/L	1344.8	1295.6	1254.6	1221.8	1180.8
2027 年达峰情景	行驶里程/万 km	——	——	1.65	1.59	1.55
	油量/L	——	——	1353	1303.8	1271

二、工作思路与建议

目前仍缺乏适用范围广且具体可行的交通行业碳达峰管控抓手，乘用车碳排放的目标管理、监测预警、监督考核机制尚未形成。同时，目前专业技术仍需加强以切实解决相关难点，如缺乏电动车及燃油车碳指标核算方法、碳指标智能计量和管控支撑平台、阶梯碳价核算方法支撑等。现有的乘用车减少碳排放的研究及措施主要集中在交通结构调整、机动车准入、提高燃油效率等方面。然而，研究表明，采取了这些措施后，到 2035 年乘用车碳排放仍将持续提高，不会遏制碳排放增长势头。因此，建立乘用车碳排放的管控策略是实现交通行业碳达峰的重要手段之一。具体建议包括：

(一)制定乘用车碳排放指标

将碳指标纳入乘用车碳排放管控之中，提出采用年均燃油或行驶里程限制量作为乘用车碳指标，构建乘用车初始碳指标权分配方法和分配量，对单车碳额度进行确权。制定科学合理的乘用车碳指标核算统计方法。随着“双碳”实施的深入，还需注重动态碳指标的研究，构建乘用车动态碳指标核算指南，推进乘用车碳指标、碳账户的动态更新，制定阶梯碳指标价格，最终构建用于支撑乘用车动态碳指标可计量、可跟踪、可核查监管系统的支撑技术体系。

(二)构建个人“碳账户”系统

充分发挥市场机制对控制温室气体的作用，加快推进交通行业纳入全国统一碳市场的进程。借助乘用车碳指标，进一步发挥现有碳产权交易所的作用，构建个人“碳账户”系统。对国内的碳交易市场和定价机制进行创新，将“碳账户”纳入“碳交易”体系。积极推进“碳账户”和碳交易试点和市场化交易，以此对乘用车碳交易市场的定价进行调控。建立乘用车碳指标年度结算和报告制度，为将乘用车碳排放纳入全行业碳排放交易体系奠定基础。

在总量控制前提下，政府将成品油消费权有偿出让给消费者，并允许其在二级市场上交易。成品油消费权有偿使用将使消费者在利益驱动下，珍惜有限的成品油消费权，减少汽油车出行次数从而降低 CO_2 排放，达到防治污染的目的。以全国乘用车 2027 年碳达峰为例，预计汽油小汽车年均行程里程为 1.65 万 km，每辆汽油小汽车每年可加油约 1353L。若超出此限额，可在一定范围内高价购买成品油消费额度，加油站对车辆的加油信息进行记录并上传到相关网站，无加油额度的车辆将无法进行加油。

(三)推进大数据支撑的碳资产计量及交易

推进大数据、云计算等互联网技术与低碳发展融合。在如今的大数据时代，要不断探索如何使数字信息技术更好地用于交通服务，实现“计量—

跟踪—控制”的全流程管控。通过数据挖掘、业务智能等新技术的开发应用，推动交通行业数字化、智能化、低碳化转型升级，促使我国智能交通体系更加成熟，为解决我国交通运输全面、系统、综合性问题提供良好解决方案，实现对交通行业的深度绿色低碳改造。提升交通行业能源管理的智能化水平。进一步推进互联网、人工智能、大数据等新一代信息技术在交通行业能源管理领域和生产过程的创新应用，推广实施能源管控中心，推动交通行业实施数字化、智能化改造，实现各车型能源数据的全面采集，建立多维度的汽车能源消耗和优化模型，通过全局层面智能调度优化及管控、能源与环保协同管控，大幅提升汽车能源的精细化管理水平和利用效率。

结合加油站的移动支付系统、充电桩计量装置，整合分散在各部门、科研机构的数据，建立行业数字化服务平台。借助“互联网＋”，开发相应智能管控平台和应用系统，为碳指标跟踪、数据监督存储等提供技术支撑，最终在源层面成为基础信息完备、管理要求明确、排放数据一致、监管平台统一的乘用车碳指标交易管理系统。加强车辆排放的监测监控，实现数据的实时上传与共享，分析预测车辆能源利用效率、碳排放趋势及减排潜力。通过管控平台将碳排放总量目标分解到个人，实现碳排放总量目标管理、监测预警、监督考核在行业全面推行能效、减排对标，不断提升交通行业节能减排与低碳管理公共服务能力。

第15篇　碳交易可兼顾双碳和共富两重目标[①]

报告核心内容

碳市场交易不仅可以实现二氧化碳总量控制，还将显著提高农民收入，是实现“双碳”目标和共同富裕的有效手段。在一系列严格计量检验支撑下的实证研究发现，碳市场试点显著提高了试点地区农村居民的可支配收入，使农村居民年均增收377.7元，相当于我国现行农村贫困标准的近1/6。其影响机制为通过推行碳市场促进企业采用可再生能源，通过农村可再生能源项目建设激发农村经济活力，促进资源回流，增加农民就业并提高农民收入。为此，本报告建议从加快重点区域碳市场建设、适度扩大碳市场行业覆盖范围、健全碳市场保障机制三方面出发，推动农村地区可再生能源大规模开发与利用，促进双碳和共同富裕双重目标的协同实现。

① 本报告于2021年4月份撰写报送，编入本书时做了适当调整。撰写人：方恺（浙江大学公共管理学院研究员）、刘培林（浙江大学区域协调发展研究中心研究员）、李程琳（浙江大学公共管理学院科研助理）、毛梦圆（浙江大学公共管理学院硕士研究生）、陈静（浙江大学公共管理学院硕士研究生）。

党的十九届五中全会作出我国进入新发展阶段的战略判断，对扎实推动共同富裕作出重大战略部署。以提高农民收入为重要抓手巩固好脱贫攻坚的丰硕果实，是实现共同富裕目标的必由之路。而促进共同富裕最艰巨最繁重的任务依然在农村，当务之急在于提高农民收入，缩小城乡收入差距。[①] 与此同时，应对气候变化已成为当前最受关注的全球治理议题。作为世界上最大的二氧化碳排放国，中国在应对气候变化领域发挥了重要作用。2020 年 9 月 22 日，习近平主席在第七十五届联合国大会一般性辩论上提出采取更加有力的政策和措施，力争于 2030 年前实现碳达峰，努力争取在 2060 年前实现碳中和，展现了中国推动全球气候治理的决心和信心，逐渐实现由气候治理的参与者、贡献者向引领者的角色转变。碳达峰碳中和与共同富裕，是我国下阶段的重要目标。我们的研究发现，碳市场交易不仅可以实现二氧化碳总量控制，还将显著提高农民收入，是实现“双碳”目标和共同富裕的有效手段。

一、碳市场交易具备支撑共同富裕目标极大潜力

为了实现“双碳”目标，除了要进一步采取措施减排增汇外，碳排放权交易机制（Emissions Trading Scheme，ETS）已被广泛证明为推动低碳发展的重要市场化手段。2011 年 10 月，国家发展改革委下发《关于开展碳排放权交易试点工作的通知》，批准在北京、天津、上海、重庆、湖北、广东和深圳等七个省市开展碳排放权交易试点。2017 年，国家发改委发布《全国碳排放权交易市场建设方案（发电行业）》，纳入企业数量从 1900 家逐渐增加到 3000 家。[②] 我们通过对比 2010—2018 年期间开展了碳市场交易试点

① 李实，朱梦冰. 推进收入分配制度改革 促进共同富裕实现[J]. 管理世界，2022(1)：52-61/76/62.

② 张希良，张达，余润心. 中国特色全国碳市场设计理论与实践[J]. 管理世界，2021(8)：80-95.

的上海、北京、广东、天津、湖北和重庆与非试点省份的情况，发现碳市场试点显著提高了试点地区农村居民的可支配收入，使农村居民年均增收377.7元(按2010年可比价)，这相当于我国现行农村贫困标准(每人每年生活水平2300元)的近1/6！一系列严格的计量检验表明上述结果稳健可信。

碳市场提高农民收入的机制是：碳市场的推行→企业采用可再生能源→可再生能源激发农村经济活力→人力、物力资源回流→就业岗位增加、农民收入提高。具体而言，首先，在碳市场中购买排放配额的企业将更有可能广泛采用可再生能源。而可再生能源可以有效激发农村经济活力。原因一方面在于农村地区土地使用限制较少，满足了可再生能源基础设施建设需要占用大量土地的空间需求。通过在农业产业园、有条件的村镇建设风能、光伏、生物质等多能互补综合利用项目建设，实现农光互补、渔光互补的一体化建设，能够有效提高能源利用效率和综合收益，推动农村能源新模式新业态新产业的发展[1]；另一方面在于我国农村地区拥有丰富的风能、太阳能和生物质能等可再生能源。据农业农村部统计，截至2020年底，我国沼气用户达3007.71万户，各类沼气工程达93480处，发电装机容量为35万千瓦时；以木质颗粒为主的生物质成型燃料搭配清洁采暖炉具热效率超80%，生物质发电约替代7000万吨标准煤，相当于减排1.5亿吨二氧化碳。[2] 这些资源禀赋为可再生能源基础设施建设提供了广阔的发展空间，不仅吸引了外来投资，也为当地带来了更多的农村就业岗位。

从国际经验来看，美国早已颁布各类能源法案以支持可再生能源发展，而这些政策已被证明有利于减少农民在能源、电力等方面的支出；欧盟也已明确表示希望通过一系列可再生能源政策来促进农村地区发展，其中

---

① 中国电力网. 大力推动农村可再生能源开发利用，打造"光伏＋"支柱型产业[EB/OL]. http://www.chinapower.com.cn/xw/zyxw/20220310/137897.html，2022-03-10.

② 全国能源信息平台. 借力可再生能源，农村节能降碳潜力巨大[EB/OL]. https://baijiahao.baidu.com/s?id=1709864276070263772&wfr=spider&for=pc，2021-09-03.

丹麦和苏格兰更是将风电场等可再生能源基础设施的建设视为农村经济发展的主要驱动力。[①]

因此，通过推进碳市场促进可再生能源项目的建设，曾经由于城市化和工业化而流失的人力、物力资源会重新聚集到农村地带，从而在一定程度上提高农村居民的收入。可以预期，随着碳交易覆盖的行业和区域范围的扩大，对农民增收产生的效果会更加显著。通过以风能和太阳能等为主的可再生能源电气化能够实现较低成本的深度脱碳，有望减少中国约45%以上由人类活动引起的二氧化碳排放，带来约 16 万亿美元的基础设施投资机会，并创造出约 4000 万个就业岗位，主要集中在电网和电气化行业。[②] 由于可再生能源富集的地区主要集中在中西部广大农村地区，所以，碳交易更大范围地开展将更有效地带动城乡和区域差距的缩小。

二、围绕双重目标加快推进全国碳市场建设

前文指出碳市场交易具有一箭双雕之效，因此须加快全国碳市场建设。2021 年全国碳市场碳排放配额累计成交量约 1.79 亿吨，总成交额达 76.61 亿元，其中最高成交价为 62.29 元/吨。[③] 然而，由于试点省市和全国碳市场均未提出明确的总量控制目标，在实际操作中大多采用"行业标杆法"，即根据历史排放总量来确定某个行业的强度基准，再根据企业实际产出水平核定配额，缺乏对碳排放权的总量控制，与国家自主贡献目标之间存在政策脱节，对全域碳减排工作的贡献较为有限。[④] 基于此，加快全

---

① Clausen L, Rudolph D. Renewable Energy for Sustainable Rural Development: Synergies and Mismatches[J]. Energy Policy, 2020, 138: 111289.

② 高盛集团. 碳经济学——中国走向净零碳排放之路：清洁能源技术革新[R]. 2021-01-20.

③ 中央财经大学绿色金融国际研究院. 周杰俣，崔莹. IIGF 专刊|2021 年中国碳市场年报[EB/OL]. http://iigf.edu.cn/info/1012/4805.htm. 2022-06-18.

④ 方恺，张琦峰，杜立民. 初始排放权分配对各省区碳交易策略及其减排成本的影响分析[J]. 环境科学学报，2021(2):696-709.

国碳市场建设步伐的过程中应注意以下几个方面问题。

(一)加快重点区域碳市场试点建设

全国碳市场的建设应当循序渐进地铺开，重点加强局部地区建设。尤其要加快西北、西南地区碳市场点建设，实现经济、生态双转型。通过剖析碳市场对农民增收影响程度发现，不同试点地区存在显著差异：越是在能源消费结构煤炭依存度高、城镇化水平低的地区，碳市场对农村居民收入的提升作用越显著，具体表现为较平均增收 377.7 元分别提高了 546.5 元和 594.4 元。这一发现极大挑战了以往对碳市场应当率先在经济发达地区推行的刻板印象，也为全国碳市场的建设提供了一条新思路。因此，率先在西北、西南地区建设碳市场顺应了习近平总书记在 2021 年 3 月 15 日(中央财经委员会第九次会议)提出的“要把碳达峰、碳中和纳入生态省建设布局”这一要求，能够为发挥经济与环境协同效应打下坚实的基础，是当前统筹“双碳”目标与共同富裕工作的当务之急。

(二)适度扩大碳市场行业覆盖范围

要扩大碳市场行业覆盖范围，增加行业覆盖数量。笔者研究发现，相比于仅纳入电热生产的单一行业碳市场，随着碳市场行业覆盖数量的增加，我国碳减排总成本将由 1.05～2.67 万亿元下降至 0.43～1.18 万亿元。2018—2030 年我国未来碳排放配额总量范围为 1288.48～1507.79 亿吨，同时全国碳排放空间将呈现 319.2×108 吨盈余。未来碳排放权总量控制的不确定性问题依然突出，一定程度上阻碍了我国碳交易市场建设进程、影响碳交易机制的减排成效。以总量控制指标代替强度控制指标制定区域碳减排政策势必成为解决上述问题的关键。此外，鉴于我国碳减排过程中的中央—省区两级管理制度，有必要将我国未来碳排放权总量逐级分配至省区、行业等不同尺度。同时，笔者亦发现，在区域间初始碳排放权分配的过程中适当考虑区域历史累积碳排放责任将大幅提升区域间碳减排的公平性，进一步推动我国国家自主贡献目标的分解与落实。

（三）为全国碳市场建设提供完善的保障机制

一是建立报告核查机制。积极支持成立第三方核查机构，统一碳排放监测与报告的技术标准、操作指南与相关规范，保证温室气体排放数据的准确性和科学性，提高数据质量。二是建立履约机制。在履约主体方面，除了减排企业外，应纳入第三方核查机构、交易机构和公民等主体，扩大履约主体范围。在履约制度方面，应采取民事、行政和刑事等多元责任方式，提高履约制度威慑力。在奖惩措施方面，而不应仅仅关注惩罚措施，而应创新"履约享受优惠""履约增加信用"等正向激励，在此基础上逐步形成涵盖碳价涨幅限制、结算风险防控、不良信用记录、应急管理、风险预警等在内全方位的碳市场风险长效防控机制。三是建立全民监督机制。提高交易管理机构的能力建设，完善监督政策体系，通过加大碳市场信息披露力度，建立专职监督机构，鼓励构建企业、行业协会、社会公众积极参与监督，形成内外部相结合的全民监督机制。

（四）提高有偿分配比例并健全抵消机制

一方面，在生态补偿等理念引领下，基于试点碳市场和欧盟碳市场经验，可考虑逐步提高配额有偿分配比例，逐步压实碳排放主体的减排责任，形成一级与二级市场价格联动的局面，为各类市场投资者配置碳资产提供更多空间，提高定价效率。[①] 同时，推动利用配额有偿分配机制获取的资金建立低碳导向的政府投资基金，将全国碳市场配额拍卖所得用于支持绿色低碳产业发展、健全全国碳市场业务架构等领域，形成绿色资金闭环。另一方面，要尽快完善出台自愿减排交易管理办法，为开展国家核证自愿减排量（Chinese Certified Emission Reduction，CCER）活动和交易提供基本框架和依据，发出重启CCER机制的明确信号；结合试点阶段碳普惠等工作进展，研究扩充方法学等技术规范，确定相对稳定的全国碳市场

① 易兰，鲁瑶，李朝鹏．中国试点碳市场监管机制研究与国际经验借鉴[J]．中国人口·资源与环境，2016(12)：77-86.

CCER 使用条件与抵消规则，鼓励具有潜力的新兴绿色低碳产业获得优先资格，避免因配额短缺而出现市场流动性不足的情况，切实发挥抵消机制降低控排单位履约成本的重要功能。[①]

（五）探索强化排放管控方式与国际链接

在当前全国碳市场机制设计的基础上，尝试设定绝对量化的全国碳市场总量目标的方式，通过“强度和总量两手抓”的方式强化全国碳市场约束力。基于全国碳市场建设现状，可考虑在“十四五”中后期结合国家层面重点行业碳减排政策导向与市场运行情况，加强对制定全国碳市场年度配额总量的研究，并提出与其相匹配的配额分配方案，先期通过内部模拟等方式验证其可行性，推动在“十四五”末期形成较成熟的全国碳市场总量目标设定方法，力争自“十五五”时期实施具有代表性的全国碳市场年度配额总量管理，支撑碳总量、碳强度“双控”新格局。考虑到我国 2060 年实现碳中和目标的可能需要，可利用 CCER 获得其抵消机制资格的有利条件，在 CCER 对全国碳市场支撑服务基本到位的前提下，鼓励相关行业企业利用 CCER 小规模试水等国际碳市场，分析国内外碳定价机制差异，评估该举措所产生的主要影响，为后续我国扩大参与国际碳市场积累经验。[②]

三、推动农村地区可再生能源大规模开发与利用

促进可再生能源的发展是碳市场促进农民增收的重要机制。2021 年 12 月印发的《加快农村能源转型发展助力乡村振兴的实施意见》中明确指出农村地区能源绿色转型发展对“巩固拓展脱贫攻坚成果、促进乡村振兴，实现碳达峰、碳中和目标”具有重要意义，并提出“到 2025 年，建成一批农

① 全国能源信息平台. 马爱民：推进全国碳市场建设 支撑实现碳达峰目标[EB/OL]. https://baijiahao.baidu.com/s?id=1683492741758645407&wfr=spider&for=pc. 2022-04-04.

② 陈鹏. 欧美碳交易市场监管机制比较研究及对我国的启示[D]. 上海：华东政法大学，2012.

村能源绿色低碳试点”。然而，培育壮大农村地区可再生能源产业发展仍然面临多重难题，由于缺乏顶层设计导致规划难以落实，出现商业化模式不完善、项目投产运行困难等问题。因此，为了更好发挥碳市场在促进“双碳”目标和共同富裕目标方面的作用，应当充分利用农村地区资源、土地和劳动力优势，大力开发、建设、利用可再生能源项目，此外也应当注重碳汇项目开发。

具体来讲，应当在具备条件的地方开展碳汇交易。开展林业碳汇生态补偿机制试点，实施以碳排放权抵消为特色的市场化林业碳汇生态补偿机制试点，开发植树造林、森林经营等碳汇项目，逐步建立形成碳市场下的多层级联动碳汇交易市场，并不断探索跨区域碳汇交易。当前云南省已开展森林碳汇精准扶贫试点项目，通过种树增汇助力云南普洱55户贫困村民增加收入；贵州省开展单株碳汇精准扶贫项目对4.83万株树木进行线上“定向购碳”，实现5个贫困村109户贫困户实现户均增收1300多元。由此可见，山区贫困居民也完全可以借助森林碳汇资源实现生态价值转化并进行市场交易，提升收入水平。对此应当总结成功经验加以推广。

为此要加强归口部门的跨部门合作。碳达峰碳中和工作归口于生态环境部，而可再生能源项目则是由发改委的新能源处负责，由于不同职能部门间的目标差异、利益侧重，交叉管理难免会导致重叠设置、权责不明等问题。因此，生态环境部应该和有关部委建立协同工作机制，专门负责“双碳”目标与共同富裕政策协同的相关工作。此外，应充分运用大数据、云计算、区块链、5G、人工智能等现代信息技术，加快形成即时感知、科学决策、高效运行的新型智慧集成平台，推动数字化改革、建设与应用，消除不同部门间的信息“孤岛”，构建集中统一、综合协调与运行高效的数据共享制度。

还要推进跨学科研究工作。碳达峰碳中和涉及环境学、生态学、经济学、管理学等学科，共同富裕涉及社会学、管理学、政治学等学科，两者在学科研究方面既有交叉也有不同侧重，建议成立由不同学科领域资深专家与学者组成的专项咨询委员会，积极开展政策预研究和政策实施过程中的评估与实施效果的后评估，为“双碳”目标与共同富裕的政策协同工作提供智力支持。

第16篇 跨区域产业与能源合作示范平台助力双碳与共富协同实现[1]

报告核心内容

高质量实现“双碳”目标和共同富裕是浙江的新使命和新挑战。在“双碳”目标实现方面，浙江面临产业结构调整空间有限、碳源碳汇差距悬殊、能源供需不平衡的挑战；在共同富裕示范区建设方面，浙江面临资源困境凸显、示范引领任务艰巨的挑战。本报告提出两条应对思路：一是企业“走出去”，引导浙江部分高耗能企业和可再生能源发电企业到外省落户，如建立政府间合作互信机制，开展“走出去”试点，简化企业“走出去”审批流程，为企业“走出去”提供财税优惠，引导“走出去”企业积极承担社会责任；二是能源“买进来”，搭建可再生能源的跨区域交易平台，向外省投资或购买可再生能源发电项目，如完善输配电基础设施建设、建立可再生能源交易机制、建立输配电风险防范机制和实现两省技术协同创新。

---

① 本报告于2021年9月份撰写报送，编入本书时做了适当调整。撰写人：方恺（浙江大学公共管理学院研究员）、李程琳（浙江大学公共管理学院科研助理）。

全球变暖已成为当前人类社会面临的严峻挑战。[①] 是当前国内外最受关注的环境议题，应对气候变化理应成为浙江建设“重要窗口”的组成部分之一。“十四五”是碳达峰、碳中和的关键时期，浙江已提出到2025年实现非化石能源占一次能源比重提高到24%，煤电装机占比下降到42%的目标。[②] 与此同时，浙江在“十四五”规划中下决心要“率先突破发展不平衡不充分问题，率先走出促进浙江全省人民共同富裕之路”[③]，高质量建设共同富裕也成为浙江省建设“重要窗口”的题中应有之义。

一、浙江实现“双碳”目标和共同富裕所面临的挑战

（一）浙江省节能减排工作面临的挑战

浙江始终走在全国节能减排前列。截至2019年，浙江新能源并网机组容量同比增长16.2%，绿色建筑占城镇新建民用建筑比例高达96%；“十三五”以来碳排放强度累计下降近14%，可再生能源发电量大幅提升，太阳能光伏、生物质能、风能和海洋能年均增长分别达到69.0%、16.5%、11.4%和10.4%。[④] 与此同时，随着浙江自身的减排潜力不断缩小，实现“双碳”目标任重而道远，面临以下挑战。

一是产业结构调整空间不大。三大产业结构从1978年的16.0∶49.8∶34.2转变至2019年的10.5∶45.5∶44.0，进一步压缩一、二产业的空间不大，在“内循环”为主的经济环境下，必须高度重视产业安全问题，

---

① IPCC. Climate Change 2013: The Physical Science Basis [R]. Cambridge: Cambridge University Press, 2013.

② 央广网. 浙江实施碳达峰行动 2025年非化石能源占比提高到24%[EB/OL]. https://baijiahao.baidu.com/s?id=1690937207551799069&wfr=spider&for=pc. 2021-04-06.

③ 刘亭. 新型城镇化助推共同富裕示范区建设[J]. 浙江经济，2021(3)：20.

④ 澎湃新闻. 浙江发布《2019年度浙江省低碳发展报告》[EB/OL]. https://www.thepaper.cn/newsDetail_forward_8091166. 2021-04-06.

立足于产业链的完整性和独立性，部分传统高能耗产业的刚性发展需求增强，客观上限制了产业结构的深度转型和能源强度的持续下降。

二是碳源碳汇差距悬殊。以2018年为例，全省能源和工业过程的碳排放量约为土地和林业碳汇的20倍，这意味着浙江无法依靠自身生态碳汇实现碳中和。另一方面，浙江的可再生能源禀赋较为有限，且太阳能光伏、风电等发展面临严峻的土地资源约束。

三是能源供需不平衡。据预测，"十四五"期间浙江将出现1500万kW左右的电力缺口①，每年须从宁夏、陕西等省区外调煤电来弥补。根据相关数据统计，浙江一次能源自给率长期低于5%，煤炭、石油、天然气等能源资源供应严重依赖外部调入。这些外调煤电生产过程中排放的二氧化碳也相应计算在浙江的碳排放中，这无疑增加了浙江实现"双碳"目标的难度。

四是消费结构调整任务艰巨。在"控煤"和新能源受"531"政策影响的情况下②，浙江只能依靠大幅提升天然气使用比例向清洁化转型。但天然气供应不是无限的。美国页岩气资源丰富，开采成本低（工业气价折合0.73元/m^3），方能支撑大规模使用。而当前的欧洲，因气价大幅上涨，局部已用回廉价的煤炭。以大幅减煤为目标的能源结构调整任务将面临严峻考验。

（二）浙江省建设共同富裕示范区面临的挑战

浙江城乡居民人均可支配收入分别连续20年、36年居全国第一，城乡收入比为1.96∶1，是全国最低的省份之一，为实现共同富裕奠定了良好基础。但要建成共同富裕示范区，浙江还面临不小的挑战。

一是资源困境凸显。浙江省委、省政府出台的《关于以新发展理念引

---

① 全国能源信息平台.浙江能源现状与发展路径[EB/OL]. https://baijiahao.baidu.com/s?id=1678580970012372610&wfr=spider&for=pc. 2022-03-22.

② 国家能源局.国家发展改革委 财政部 国家能源局关于2018年光伏发电有关事项的通知[EB/OL]. http://www.nea.gov.cn/2018-06/01/c_137223460.htm. 2022-04-04.

领制造业高质量发展的若干意见》中，明确提出“2020—2025 年，工业大市大县每年出让土地总量中工业用地比例不低于 30%”。然而，浙江面临的产业发展用地不足和能源资源约束等困境日益凸显[①]，2018 年，浙江一次能源消费总量 2.17 亿吨标准煤，分别是 2006 年、1980 年的 1.6 倍和 19 倍；全社会用电量 4533 亿 kW·h，近三年保持 8%以上的较快增速，消费量排名华东第二、消费增速位列第一。原油消费量 2017 年首次突破 3000 万吨，同比增长 13.9%，2018 年消费 2800 万吨。天然气消费“淡季不淡、旺季更旺”，2018 年消费量达到 135 亿立方米，同比增长 28%。[②] 浙江既是能源消费大省，也是能源资源小省，在全国能源发展新形势影响下，浙江能源发展面临严峻的挑战，靠一己之力推动各地区高质量发展、尤其是山区 26 县跨越式发展的难度依然较大。

二是示范引领任务艰巨。建设共同富裕示范区的意义绝不局限于浙江内，更意味着浙江要发挥示范引领作用，积极带动其他省份实现高质量转型发展，践行“先富带动后富”“沿海带动内陆”的区域协调发展战略。可以说使命光荣，任务艰巨。

要破解以上困境，探索出一条“双碳”目标与共同富裕协同实现的新路径，可以从两个思路着手，一是优化浙江企业在省外的产业布局，二是外调可再生能源发电，即企业“走出去”和能源“买进来”。为便于阐明思路，下文将以浙江对口帮扶的四川省为例展开分析。

---

① 汪晖，陶然. 论土地发展权转移与交易的“浙江模式”——制度起源、操作模式及其重要含义[J]. 管理世界，2009(8)：39-52.

② 全国能源信息平台. 浙江能源现状与发展路径[EB/OL]. https://baijiahao.baidu.com/s?id=1678580970012372610&wfr=spider&for=pc. 2022-03-22.

二、“双碳”目标与共同富裕协同实现的思路与对策

（一）企业“走出去”：引导浙江部分高耗能企业和可再生能源发电企业到外省落户

对于浙江而言，一是以引导企业转移为抓手，实施浙江对四川的产业帮扶，体现浙江“先富带动后富”的使命担当；二是引导高耗能企业转移可以从源头减少碳排放总量，为浙江实现“双碳”目标争取更多的时间与空间；三是旧企业的迁出意味着腾挪出更多土地、劳动力和资本空间，为数字化新业态的扩大与发展提供更多资源基础。对于四川省而言，一是为当地产业发展注入活力，强化经济发展的动力；二是为当地提供新的就业岗位，有助于居民增收；三是提高当地财政收入，有助于政府增加在教育、医疗、养老等民生领域的财政投入。对于“走出去”的企业而言，一是部分高能耗企业（如制造业）转移到四川后可能降低其用工等一系列日常开支和经济成本，以及更低的环境规制成本；二是四川拥有丰富的可再生能源，部分可再生能源发电企业迁入四川后可以降低其发电成本，有利于优化资源配置。

浙江应做好企业“走出去”的服务和监管工作，搭建跨区域产业合作示范平台。

一是建立政府间合作互信机制。研究表明，区域间的经济协调有利于打破地方市场分割，推动区域的市场整合和一体化发展，从而实现经济绩效的提高。[①] 因此，浙江应积极与四川就产业帮扶建立合作互信机制，推动两省尽早签订相关合作协议，为浙江企业“走出去”提供制度保障和社会基础。

---

① 张学良，李培鑫，李丽霞.政府合作、市场整合与城市群经济绩效——基于长三角城市经济协调会的实证检验[J].经济学(季刊)，2017(4)：1563-1582.

二是开展"走出去"试点。核心企业能够带动"配套企业"的产业集群式转移,是产业集群转移的"发动机""开路者"。[①] 因此,浙江应尽快在重点行业(如金属冶炼、化工原料、可再生能源发电等)和重点企业(如传化集团、纳爱斯集团等)开展"走出去"试点工作。

三是简化企业"走出去"审批流程。政府应逐步淡化经济职能,强化管理职能,在经济优势、环境优势和人才聚集效应下打造公正的创新服务平台。[②] 为此,浙江应为符合标准的企业开通跨省政务"绿色通道",依托电子政务帮助企业线上完成转移手续,减少其两地往返办理的时间成本。

四是为企业"走出去"提供财税优惠。明确企业"走出去"认定标准,对于符合标准的企业分类制定不同类别、不同力度的补贴政策。建议对于重点行业企业给予100万～500万元的补贴额度,对于其他行业企业给予10万～100万元的补贴额度。同时,提高财政补贴信息的公开透明度,加强资金监管,加强财政补贴资金绩效管理,建立项目信息化平台,确保资源共享。[③]

五是引导"走出去"企业积极承担社会责任。引导浙江企业大胆"走出去",努力为四川当地带去先进的技术工艺、经营模式和管理理念。督促企业严格遵守四川当地的法律法规,高度重视资源节约和控排工作,避免对当地生态环境产生不良影响。

(二)能源"买进来":搭建可再生能源的跨区域交易平台,向外省投资或购买可再生能源发电项目

对于浙江而言,一是向四川购买可再生能源电力,既能有效缓解电力供应缺口,又能提升可再生能源占比,为实现"双碳"目标提供了新的途径;

---

① 赵俊风,张聪群.核心企业驱动产业集群式转移的演化博弈仿真研究[J].科技与管理,2016(4):34-41.

② 王效俐,马利君.政府管制对企业家精神的影响研究——基于30个省份的面板数据[J].同济大学学报(社会科学版),2019(2):107-117.

③ 欧阳丽.民营企业财政补贴资金监管思考[J].合作经济与科技,2017(7):182-183.

二是部分可再生能源发电成本已低于煤电，从四川购买可再生能源电力并不会大幅提高浙江企业的用电成本。对于四川省而言，一是风能、水能等可再生能源往往分布在欠发达地区，通过对这些地区可再生能源发电项目的投资可以带动就业和增收；二是为当地可再生能源发电企业提供买家渠道，确保当地可再生能源即产即销。

因此，浙江与四川搭建可再生能源的跨区域交易平台可以实现互惠双赢。为此，浙江应尽快开展以下工作：

一是完善输配电基础设施建设。加大对输配电基础设施建设和技术研发的投资力度。可再生能源发电的输配电基础设施建设是两省可再生能源交易能否顺利实现的关键。浙江应与四川在两省电站覆盖、高压供电线路覆盖、智能微电网建设、配电自动化、配电通信网络覆盖、特高压(UHV)输电技术以及智能输配电技术等方面加强技术协同攻关。

二是建立可再生能源交易机制。充分借鉴碳排放权交易市场的实践经验，构建以可再生能源为交易对象的跨区域可再生能源交易市场。一是明确交易主体，买进方主要是浙江地方政府、电网企业、电力用户等，卖出方是四川地方政府或当地的可再生能源发电企业；二是明确交易平台，由两省联合成立第三方交易中心作为交易平台；三是明确交易价格，原则上交易价格应当通过市场化方式形成，但为避免恶性竞争，交易中心应对交易价格上下限进行约束。

三是建立输配电风险防范机制。加强跨区域输配电风险意识。跨区域可再生能源交易可使浙江电力消费中的可再生能源占比大幅增加，但也在一定程度上增加了电网的不稳定性与脆弱性。应高度重视跨区域输配电所带来的新风险，加快家用储能系统、智慧储能电站、铅炭电池、锂离子电池以及氢燃料电池等储能设备与技术研发，建立安全、清洁的发储用一体化供电系统。

四是实现两省技术协同创新。浙江高校和科研院所应主动与四川各高校、科研院所和行业企业展开合作，发挥高校基础研究主力军和重大科技创新策源地作用，加强国家级碳达峰碳中和创新平台的培育，组建一批交叉攻关团队，形成技术、学科、行业、领域、区域等多维度的创新战略支撑体系，为实现碳达峰碳中和目标提供科技支撑和人才保障。

第17篇　警惕密集出台监管政策加重社会经济压力[①]

报告核心内容

国家统计局官网发布2021年前三季度国民经济运行数据显示，初步核算，前三季度国内生产总值823131亿元，按可比价格计算，同比增长9.8%，两年平均增长5.2%，比上半年两年平均增速回落0.1个百分点。分季度看，一季度同比增长18.3%，两年平均增长5.0%；二季度同比增长7.9%，两年平均增长5.5%；三季度同比增长4.9%，两年平均增长4.9%。前三季度，面对复杂严峻的国内外环境，国民经济持续恢复发展，主要宏观指标总体处于合理区间，就业形势基本稳定，居民收入继续增加，国际收支保持平衡，经济结构调整优化，质量效益稳步提升，社会大局和谐稳定。根据经济发展趋势分析，第四季度经济形势受影响因素更大，需要防范密集出台的监管政策对经济下行的作用。

---

① 本报告于2021年11月份撰写报送，被国家相关部门采纳，编入本书时做了适当调整。撰写人：张旭亮（浙江大学国家制度研究院特约研究员）、张海霞（浙江工商大学教授）、袁清（浙江大学社科院副院长）、刘培林（浙江大学区域协调发展研究中心研究员）、钱滔（浙江大学区域协调发展研究中心研究员）、杜立民（浙江大学民营经济研究中心教授）。

2021年我国前三季度国内生产总值是82万亿元，按可比价格计算，同比增长9.8%，其中，第三季度同比增长4.9%，两年平均增长4.9%。第三季度经济增长低于市场预期，经济发展动能有所减弱。原因很多，主要有能耗“双控”、教育“双减”、平台反垄断、房地产严控等系列监管政策密集出台，以及国家能源战略储备失序、大宗商品价格高涨、汛情冲击、疫情反复、各地治理水平存在差异等主客观因素叠加，使得经济发展短期内承压剧增，集中体现在第三季度经济增长明显乏力上。浙江大学课题组分析了我国第四季度经济增长可能存在的风险点，并提出相应的建议举措。

一、第四季度中国经济增长主要风险点

第四季度经济继续下行的可能性较大，供给端主要矛盾是供给约束和成本上升，需求端主要矛盾是杠杆高企和消费疲弱，两方面都会限制预期经济增长。经济增长风险点如下：

密集出台的监管政策，预计还影响第四季度经济发展动能。2021年前三季度多项政策密集出台，对第三季度经济发展产生直接的压制性影响，预计对第四季度经济发展动力仍受到较强影响。如“能耗双控”政策部省频出，实行限制高耗能企业用电量、提高电价、限制用电时段等措施，短期来看将加大供给端约束，进一步推高工业品出厂价格（PPI）和挤压下游企业利润。教育“双减”政策部地频推，已直接使3.3万家不同类型的教培机构倒闭[①]，直接引发了群体性失业，对城市综合体、餐饮、交通、娱乐、购物等服务业拉动明显减弱及导致相关从业者部分失业。房地产调控趋严，国家各部委直接下发的调控政策就有46次，全国房地产市场累计调控次

① 搜图网.“双减”政策之下，全国将有近3.3万家补课机构倒闭，接着家庭教育促进法又来了[EB/OL]. https://www.aisoutu.com/a/819845,2022-04-03.

数超过了320次[①],使得各大城市土地频频流拍,地方土地财政大幅减少,城市基础设施投资滞缓。平台反垄断强化,在防止资本无序扩张过程中也压制了常规风险投资项目推进。

全球能源供应趋紧,预计第四季度经济社会发展成本升高。全球经济从新冠肺炎疫情中挣脱出来开始较快复苏,然而又不得不面临全球能源消耗赶不上生产的残酷现实。2021年9月,英国出现了恐慌性抢购汽油的现象,欧洲和亚洲天然气价格正在快速上涨。全球原油、天然气和煤炭等能源价格一起飙升,WTI和布伦特两大原油基准涨幅都达60%,能源上涨会推高通货膨胀,侵蚀企业利润并对消费者支出造成压力。中国能源对外依存度很高,全球能源供应趋紧亦会提升我国能源进口价格,通过"发电成本增加—制造业成本上升"路径间接提升了我国四季度生产生活和消费的成本。

限电限产供需错配,预计第四季度全要素生产率受到抑制。"能耗双控"会影响到限产限电政策,"拉闸限电"实际是各个层次执行政策综合错配共振所致的结果。然而,多数省份的"能耗双控"、限电限产政策截止时间仍未明确,一些省份暂定截至9月底,也有省市将特定领域的限产持续到年底。此外,随着冬季到来,用电量增加将对电力供应产生直接压力。然而,国内电力供应依然对火电有很强依赖,风电、光伏短期内未能作出应有贡献。尽管国家发改委对内蒙古、山西、陕西、宁夏、新疆等煤矿办理了复产手续,我国又重启澳大利亚煤炭进口,但预计煤炭价格仍会上涨。叠加上网电价相对稳定,电厂发电意愿仍不高。整体来看,四季度我国工业生产成本和生产率一定程度上仍会受到抑制。

房地产市场调控收紧,预计第四季度对我国经济影响更显。房地产带动着最长的产业链和数以千万计的就业,房地产是决定宏观经济起伏最有

---

① 搜狐网. 320次! 上半年楼市频繁调控[EB/OL]. https://www.163.com/dy/article/GG619J150552628X.html. 2022-04-03.

分量的行业。2020年我国房地产业占GDP的7.34%，间接带动相关产业占9.9%，合计约占GDP的17%。[①] 2021年国家对房地产调控加码、金融政策收紧、"三道红线"政策倒逼机制，土地集中供应制度对房企资金施压，不动产税开征试点。房地产行业政策收紧对经济社会发展的影响在第三季度时还未完全显现，预计第四季度还会有一个显化的过程。同时，房地产企业若出现流动性危机，即企业缺乏现金流保障，很多房地产开发商很有可能因为资金断裂而暴雷，地方土地财政收入亦会大幅下滑。

大宗商品价格上涨，预计第四季度中小企业经营尤为困难。2021年10月，主要原材料购进价格指数和出厂价格指数分别为72.1%和61.1%，高于9月8.6个和4.7个百分点，其中出厂价格指数为近年高点。[②] 低于临界点，制造业总体景气水平有所回落。预计第四季度，国际定价的铜、铝、原油价格高位震荡，国内定价的钢、煤持续上涨。预计大宗商品价格上涨在四季度接近高点，但在价格高位时间会更长。大宗商品价格上涨，抬升原材料成本，而终端产品传导不畅，对下游企业利润挤压尤为明显。中小企业集中在下游，叠加下半年出口面临下行压力，成本抬升、新订单需求下滑、回款压力大，中小企业经营将尤为困难。如10月制造业生产指数和新订单指数分别为48.4%和48.8%，比上月下降1.1个和0.5个百分点[③]，生产和市场需求仍在减弱。

全国性多点散发疫情，预计第四季度仍掣肘经济良性复苏。全国性的多点散发疫情带来了普遍的旅行限制和更趋严格的防疫措施，线下接触为主的道路运输、航空运输、住宿餐饮、文化体育娱乐、会议博览、休闲出游等都会出现更明显下滑，导致线下消费特别是服务业消费更趋谨慎，使预期

---

① 网易新闻.房地产对我国经济的影响，可能比你想象的还要大！[EB/OL]. https://www.163.com/dy/article/GO98NSM105158B67.html. 2022-04-04.

② 国家统计局. 2021年10月中国采购经理指数运行情况[EB/OL]. http://www.stats.gov.cn/xxgk/sjfb/zxfb2020/202110/t20211031_1824004.html. 2022-04-06.

③ 国家统计局. 2021年10月中国采购经理指数运行情况[EB/OL]. http://www.stats.gov.cn/xxgk/sjfb/zxfb2020/202110/t20211031_1824004.html. 2022-04-06.

原本修复的消费再次受阻，对经济的短期扰动因素较为明显，中秋假期后的相关消费显著低于正常年份同期水平，成为拖累经济良性复苏的最大掣肘因素。社零中占比最高的汽车消费预计第四季度表现一般，虽然消费者购车欲望依然旺盛，但受“缺芯”影响，厂商生产交付时间在延长，经销商车辆资源减少，销售优惠力度减弱乃至加价才可提车。

二、做好第四季度经济工作的建议举措

1. 健全政策征询审核机制

确保政策意见制定中的多轮征询。站在稳定国家经济社会发展，为人民谋幸福、为民族谋复兴、为世界谋大同高度，健全国家部委间的协调机制，防止政出多门，防止政策效应相互抵消，防止政策叠加后对经济社会产生消极影响。建议加强国家各部委政策出台前的征询机制，健全各部委政策意见相互征询机制。对涉及一带一路发展、能源、环保、房地产等关键政策，还需全面征求全国人大各专业委员会意见。

加强中央政研室对政策审核力度。对关乎国家安全稳定、国家经济社会发展和民生保障的政策，在各部委、全国人大各专业委员会等征询意见后，除了必须上报中央深改办讨论事项外，建议均由中央政策研究室统筹审核。依托中央政策研究室对政策改革的全局熟悉优势，充分考虑排除各部门政策间冲突、各部委利益夹带等因素，对各项改革政策进行客观公正审核，同时亦对政策执行成效进行监督评价。

2. 切实增强能源供给保障

全方位加大石油煤炭进口供给。继续加大从沙特阿拉伯、俄罗斯、伊拉克、科威特等地原油进口量。从战略安全性角度出发，一方面建好中俄石油和天然气管道，直接走陆路及管道加大俄罗斯石油和天然气进口量；

另一方面建议研究建立一批海外原油储运中转基地，如探索在瓜达尔港自由贸易区内建立我国原油储运和中转基地，再通过中巴经济走廊运到国内地区。适时协商全面重启澳大利亚煤炭进口。

全力推动国内煤炭增产增供。煤矿在确保安全的前提下，确保正常生产，国家各部委应共同推动具备增产潜力的煤矿尽快释放产能。建议国家发改委进一步加快已核准且基本建成的露天煤矿投产达产，对停产整改的煤矿依法依规整改，尽早恢复生产。鼓励民营企业继续进入采煤行业，与国有企业形成良性竞争。优先保障煤炭运输，确保生产煤炭能够及时运到需要地方，增加发电供热企业煤炭中长期合同。

3. 科学稳步推进能源双控

坚决纠正简单运动式“减碳”。坚持全国一盘棋，坚决纠正运动式“减碳”。建议国家发改委在制订2030年前碳达峰行动计划时，应充分考虑全球新冠肺炎疫情持续背景下，中国出口将延续高增长态势，由此应调低“十四五”时期减碳压力，对单位国内生产总值能耗和二氧化碳排放要求进一步放宽松。建议在各地区能耗双控任务监察时，考虑珠三角、长三角、京津冀等地出口需求与全球供应链任务担当，对这些出口承担区域按出口规模放宽能耗双控要求。

加快发展储能、特高压技术。加快推进储能发展规划与布局，探索源网荷储协调发展。实施“新能源＋储能＋调相机”发展模式，采用风/光＋储能电源建设模式逐步推进储能试点项目建设，建议新能源电源同步配套建设储能电源，建设一批“风光水火储一体化”及“源网荷储一体化”示范项目并逐步推广。加快推进送端直流配套电源建设进度，尤其是以火电＋风光电打包外送的特高压线路配套电源点投产进度。加快特高压交流主网架等基础设施建设。

4. 稳定各省市房地产市场

预防化解房地产经营过程中的金融风险，将杠杆率和负债水平保持在合理区间。围绕房地产“控价稳量”目标，把房价控制在合理区间，加快建立和完善房价地价联动机制，优化土地竞拍规则，限房价、控地价、提品质，坚决稳定地价、稳定房价。加快发展保障性租赁住房，解决新市民、青年人住房困难问题。果断采取措施，实施供需双向调节，规范市场秩序，促进房地产市场平稳健康发展。

5. 健全大宗商品储备制度

完善政府和市场有机结合的大宗商品储备体系，借鉴发达国家经验，整合国内大宗商品储备机制，建立健全国家战略储备、商业储备和企业义务储备有机结合的体制机制，形成完备的国家大宗商品储备体系。探索将外汇储备与资源储备相结合，通过商品市场将外汇储备转化为实物资源，尝试利用期货市场完善黑色金属、有色金属等重要工业生产资料的国家储备机制。

6. 加大对中小微企业扶持

对制造业中小微企业实现的企业所得税和国内增值税、国内消费税及随期附征的城市建设维护税，以及个体工商户、个人独资和合伙企业缴纳的个人所得税实行缓税至2022年一季度。鼓励地方对中小微企业在减免房屋租金、水电费等方面给予支持，减轻企业负担。研究开展先进制造业企业按月全额退还增值税增量留抵税额。

第18篇　拜登政府气候变化政策研判[①]

报告核心内容

拜登上台后美国重启气候变化的国际合作和国内相关政策，重新加入了巴黎气候协议。中美元首的会谈重点强调了中美在气候变化领域的合作。由于双方对彼此期待的差异，以及各自经济发展情况及战略思维方式的不同，美国应对气候变化的措施落地预计不会如首脑会谈中所提及的那样顺利。本报告以碳边界税为核心，从供应链角度分析美国在产业发展和创新合作方面的可能措施，从而提出加强基础研究和技术研发、鼓励设立碳排放标准、调整外商投资及碳排放监管法律法规、建设产品碳足迹体系、强化绿色审计等应对建议。

拜登就任总统职后，美国政府重新加入了巴黎气候协议，并提出了在2035年电力行业达到零排放以及2050年前实现碳中和的碳排放承诺。美国组建了来自21个联邦政府机构官员的气候变化任务小组，提出了资金计划、煤电退役和召开2021年4月22～23日气候变化峰会等初步计划。虽然美国国防部将气候变化列为美国国家防务的一部分，然而在大部

---

① 本报告于2021年上半年撰写报送，受到有关部门重视，编入本书时做了适当修改，但时事动态有关内容未做更新。撰写人：金珺（浙江大学管理学院，浙江大学创新管理与持续竞争力研究中心副教授）、吴伟（浙江大学中国科教战略研究院副研究员）。

分领域，拜登政府还未就应对气候变化提出具体的实施计划。但是，根据美国以往构建和保持其产业链控制力的做法，我们认为美国在气候变化领域仍将主要通过五种模式来构建和保持其在应对气候变化的科学和产业措施领域的全链控制力，即排放标准规则先行、基础科学能力领先、绿色供应链控制、AI嵌入的平台支撑、创新生态驱动，这五点层次递进并互为基础。本报告从这五个方面出发，研判美国未来举措，提出我国在对内对外两方面的应对措施。

一、美国拜登政府应对气候变化措施研判

虽然没有具体的应对气候变化的计划，但是我们可以预见拜登政府会沿用奥巴马政府的部分清洁经济发展计划。上台之初，拜登政府随即表示，将在未来10年内增加7.3万亿美元新开支，用于重振受疫情打击的经济，用于改造基础设施、建设清洁能源经济、投资研发以支持制造业、支持学前教育及社区学院、帮助居民房屋租赁等，预计会有较大比例用于鼓励脱碳技术和清洁经济发展。其应对气候变化的措施主要集中在两个方面：气候变化研发和脱碳技术应用，表现在加强气候变化归因等的基础研究和应对气候变化的技术研究、强化美国领先企业在绿色供应链和绿色行业规范的主导性，以及提升碳中和目标实现的创新生态系统和国际合作网络。

（一）鼓励气候变化归因等基础研究和应用技术研究，保持全球领先地位

《麻省理工科技评论》将气候变化归因列为2020年全球十大突破性技术之一，将绿色氢能列为2021年全球十大突破性技术之一。[①] 气候变化归因的研究能使人们更加清楚地认识到气候变化是如何让天气恶化的，以及

① Anonymous. 10 BREAKTHROUGH TECHNOGIES 2020[J]. 2020,123(2):15-29.

我们需要为此做出哪些准备。换言之，当我们现在研发的应用于日常生产和生活中的实现碳中和的技术手段（如节能减排，清洁能源等）无法实现2050年控制全球气温升幅或保障温升不超过工业革命前水平2℃的目标时，我们需要采取相对极端手段人为引发特别气候变化事件，强行降低气温。全球应当做好这方面的基础研发和技术准备，同时提前预防这种极端手段可能引发的气候变化给生态环境、经济发展所带来的负面影响。这就需要我们对历史上重大地质事件和气候变化及其对地球变化的影响进行研究，分析气候变化的根本原因，并模拟极端气候对人类经济和物种的影响。美国拥有万年冰芯等这类研究的基础条件以及应用于这类研究的大数据和计算机模拟的AI等支持技术，这让美国和其他一些发达国家在这方面基础研究上占有领先地位。

绿色氢能技术的研发可以与碳捕获和碳利用等技术相结合，从而促进能源产业和其他产业的清洁发展，而这也是具有较大风险和需要大量资金投入的技术领域，需要各国协同合作。虽然这两方面的研究目前全球总体上还处于初级阶段，但美国均保持相对领先水平。此外，美国持续投入相关基础研究与关键技术开发，尽力通过广泛的国际合作，并发力人工智能芯片、算法等保持在气候变化方面的基础研究领先地位。

（二）强化美国领先企业在绿色供应链和绿色行业规范上的主导性和先行地位

领先企业的标准会影响行业其他企业以及供应商的行为规范和供应链发展。例如我国代工企业按照迪士尼和沃尔玛产品的环保要求进行符合环境要求的产品加工。领先企业的环保标准被行业内其他企业所认同，成为行业通用环保标准。宜家、国际香精等国际大公司都在建立和推广自身主导的与环境相关的行业标准和行业规范，如家具公司的可再生林计划、时尚公司的有机棉、可持续棕榈油供应链证书等，这些会让拥有这类标准的企业在全球供应链中占据主导性和掌控性。在脱碳过程中，美国领先企业也会通过设立企业脱碳行业标准保持自己对供应链的掌控力和主导性。例如，IBM 声明将在 2030 年达到碳中和运营，Microsoft 则宣布将在 2030 年实现负排放(carbon negative)，这些宣告会影响其他企业的碳排放行为。此外，供应链的把控能使控制企业将一些隐形高碳排放的生产环节通过供应链重组方式，外包撤出母国，迁移到发展中国家地区，而仅在自己国家保留低碳排放的产业链环节。

(三)优化碳中和目标实现的创新生态系统，搭建国际合作网络，并借此占据有利地位

气候变化是一个全球所有国家和地区所面临的公共挑战，国际合作是实现气候变化目标的关键。全球性问题需要全球化解决方案，任何公司、行业或政府都无法独自达成“巴黎协定”的愿景，应对这个公共挑战的基础研究和应用技术研发需要全球合作。这也是因为应对气候变化的技术的应用会受到不同地区环境和气候影响，只有合作才能有足够的数据进行研究，也能共担风险。而且，我们所处的生态系统纷繁复杂，零碳的实现需要整个供应链的共同行动。如果不相互协同推动零碳经济建设，那么高碳排放或潜在高碳排放的产业链通常会迁移到不实施减排或低管制的国家或地区，那么就会发生由于一国(或地区)实施减排政策而导致的该国(或地区)以外的国家(或地区)的温室气体排放量增加的现象，这就是常说的“碳泄漏”。[①] 鉴于碳泄漏问题的存在，即使一些学者和国家认为碳边界税有损 WTO 的贸易公平原则，欧盟和美国仍提出了对进口商品征收碳税的建议，并希望与中国合作。在 2021 年达沃斯会议上，中美欧三方已经就气候变化和碳边界税进行了初步探讨。目前看，美欧征收碳边界税已经不可避免，这也是美国推进制造业回归的一个重要手段和策略。同时，我们也可以大胆猜测，美国及其盟友有可能在未来迫使中国设立时间点更为提前、排放标准更为苛刻的承诺。

① 彭水军，张文城. 国际贸易与气候变化问题：一个文献综述[J]. 世界经济，2016(02)：167-192.

二、针对美国可能气候变化措施的应对建议

尽管美国已经表现出与全球各国推进气候变化合作的意愿，但是美对华政策基调（如中国是最大的竞争对手，特朗普时期的关税政策将会保持）或不会有根本性变化。[①] 基于前面对美国可能的气候变化措施的研判，我们从对内和对外两方面提出以下应对措施。

（一）加强基础研究和技术研发，增强我国在气候变化领域的科技全球推动力

设立应对气候变化的国际合作专项基金。一方面，受疫情带来的经济状况影响，当前不少国家甚至发达国家都囿于资金不足而迟滞发展，部分国际机构压减了某些项目的资质，多国产生与我国开展深度合作的动机甚至计划。另一方面，作为一个多气候形态、多自然环境和多人口国家，我国为一些研究提供了丰富的实验场景和有力的数据支撑。因此，深化在气候变化领域的国际合作和国际基金援助，有利于促进我国在该领域的国际同步乃至领先。可利用美国等国基础条件，如万年冰芯，开展气候变化领域的中美基础研究合作。

积极推动应对气候变化的技术研发，尤其是跟气候变化技术研发相关的基础设备、软硬件开发，以及多手的应对技术储备。目前我国芯片研发和生产集中在手机和计算机行业，我们需要鼓励开展应用于气候变化技术创新的芯片、算法、大数据、机器学习等技术研发，从而实现我国在实现碳中和的应用技术上的技术领先。

（二）鼓励领先企业设立和推广行业内的碳排放标准和低碳技术标准

在新兴技术领域和我国市场应用全球领先的领域（如 5G 应用、自动

① 吴心伯.塑造中美战略竞争的新常态[J].国际问题研究，2022(02)：37-50/154.

驾驶汽车)，对相关材料和设备的生产与应用设立碳排放标准、清洁生产的标准等，并着力推广其成为全球行业标准。例如，氢能是最理想化的清洁能源，积极推动氢能技术标准创新，深度参与国际标准制定。高度重视氢能产业标准体系建设，依托全国氢能标准委员会组织氢能技术标准研制，构建以氢能源使用为核心并涵盖制氢、储氢、材料、安全、管理等方面的标准体系框架。

建立政产学研合作机制，努力推动碳排放标准实施应用，发挥标准化在碳中和技术应用领域健康、规范、有序发展中的重要作用。充分发挥我国国内市场巨大的优势，快速积累应用数据，深入参与国际标准制定，在国际低碳相关的标准制定中占据一席之地。

(三)应对碳边界税的可能性，提前调整外商投资以及碳排放监管的法律法规

预期近期中国、欧盟和美国会就碳边界税进行合作和协商，我国要提前布局，以获取有利的竞争地位。虽然碳边界税将在几年后开征，但是我国一方面需要做好本国开征碳边界税的准备，另一方面需要降低他国碳边界税对本国进出口的影响。建议修订我国的外商投资等相关法律法规，限制隐性的高碳排放产品生产企业在我国进行原材料的初加工、生产和/或末端处理；对于只是利用中国原材料和半成品，在国外进行高附加值加工、已在我国设立工厂的海外企业，要制订碳排放限额，并加收碳排放费用。对于出口企业，根据不同国家可能的碳税高低，重新调整全球供应链网络，建立考虑碳税成本的海外工厂。

(四)建设覆盖全国的产品碳足迹体系

此点的目的是不断完善我国产品碳足迹体系，并将为零碳愿景的实现提供基础架构支撑。首先，对各机构和各新建(拟建)项目的碳足迹(环境足迹)和碳排放进行核算，并全面掌握所有环节的碳(环境)排放情况。其次，向所有产业和企业推广全生命周期评价，进行全价值链各环节的排放

综合管理，对企业的碳排放以及各类资源使用进行产业链的综合管控。再次，建立全国统一的、涵盖所有行业的项目/产品碳足迹评价标准和标识体系。最后，鼓励企业开展以用户为核心并融入可持续发展理念的绿色低碳产品创新。

（五）强化绿色审计，在重要出口产品和国内产品中逐步试点增加碳税

碳税今后会成为商品价格形成中重要因素，国内居民和企业及其他组织需要逐步熟悉、接受和用好碳税机制。在现有有关碳边界税对我国产业影响的研究基础上，建议对主要出口产品的碳排放进行统一核算，设立相关碳排放标准和产品碳税。基于此，在税收体系中设立国内碳税，逐步在产品和服务中增收生产和污染处理的碳税。这将激励企业和个人减少碳排放，并促使一些低附加值但是碳排放较高的“三来一补”[①]业务和原材料初加工的企业转型升级，同时便于国内企业处理他国的碳边界税征收时的信息匹配和对称。

（六）制定部分行业碳减排和碳中和行动方案，加深全球对我国碳中和目标可行性的认识

为保证我国经济社会的持续稳定发展，我国坚持“共同但有区别的责任原则”，坚持我国碳达峰和碳中和的总计划。相对于愿景目标，西方国家更愿意看到行动方案和阶段性目标。为了加深其他国家以及我国民众对我国碳中和目标可行性的认识和理解，为避免来自 2050 年净零碳目标和 2035 年或 2040 年前煤电退役的压迫所带来的被动，可选取某几个行业，拟定实现碳达峰和碳中和的时间表，拟定从现在开始的实现零碳的行动方案，并适时公开，并加上领先企业自行发布的碳中和计划。就长期而言，我国需要就煤电、石油、液化天然气等今后发展和新用途做好行动方案、替代方案和财政准备。

---

① 三来一补指来料加工、来样加工、来件装配和补偿贸易，是中国在改革开放初期尝试性地创立的一种企业贸易形式，它最早出现于 1978 年的东莞。

（七）发挥可再生能源技术优势，对“一带一路”沿线国家和小岛屿国家提供可再生能源发展倡议

一方面可以应对美国的“人口较少的小岛屿经济体倡议”（Small and Less Populous Island Economies Initiative）[①]实施可能带来的影响，另一方面可以应对有关我国增加新能源技术和原材料出口的要求。鉴于水电项目对流域上下游带来的影响不同，在“一带一路”沿线国家和小岛屿国家的可再生能源发展项目中，以风能和太阳能的组合发电为主。在绿色“一带一路”倡议实施过程中设立碳基金，以未来的能源使用权和碳汇而不是贷款形式来解决沿线地区可再生能源项目建设所需的经费缺口。考虑这些国家无法承受超高压建设的高成本，可通过储能技术，利用在外的可再生能源项目为我国提供清洁能源。

① 2021年3月22日，拜登政府提出了“人口较少的小岛屿经济体倡议”（Small and Less Populous Island Economies Initiative），其官方目的是加强美国与加勒比海、北大西洋和太平洋区域岛国间合作，帮助岛国抗击新冠肺炎疫情、复苏经济和应对气候变化，但其真正原因可能在于应对可再生能源发展和气候变化导致的化石能源主导的政治格局调整。小岛屿发展中国家拥有充足的可再生能源（阳光、风、海水），可再生能源技术可支持其大部分的能源需求，并可能成为可再生能源出口国。美国支持小岛屿发展中国家可再生能源开发的国际合作项目正在大幅增加，实际上也存在限制我国“一带一路”倡议实施的客观现实。

编后记

实现2030年碳达峰、2060年碳中和是我国中长期重大战略。近几年,相关研究项目和研究成果呈现爆发式增长,其中,不少是政策性研究,直接服务于党和政府相关决策。同样,浙江大学中国科教战略研究院(以下简称“战略院”)研究人员也参与了大量相关研究工作,与战略院有紧密协作关系的校内外老师也围绕相关主题做了大量探索,其中,不少成果以智库专报形式报送给了国家及浙江省有关部门参阅。为了总结梳理已有研究成果,同时也为了给社会公众提供一份政策性强、可读性强、话题覆盖面广的“双碳”专题参考资料,我们整理出版了这本包括18份专题报告、共计13万余字的《启真论“碳”》。

启真湖是浙江大学主校区紫金港校区一处美丽的校园风景,湖边植被繁茂、鹅声成趣、书声琅琅,战略院就坐落于湖边一隅。“启真智库”是民盟中央与浙江大学共建的一个开放型智库平台,战略院是浙江大学重点打造的以科教为特色的实体性智库平台,“启真智库”就是依托于战略院而建。本书书名源于上述平台名称,而本书出版也是“启真智库”成立以来的一份重要成果。同时,本书收录的部分报告的作者,如方恺、张旭亮、李拓宇、吴伟等,也是“启真智库”的特聘研究员。

在募集专题报告过程中,我们得到了来自我校能源学院、环资学院、材料学院、建工学院、海洋学院、管理学院、公共管理学院、中国西部发展研究院等单位的众多专家学者的热烈响应,他们把自己最新、最有代表性的研究成果整理出来供我们遴选。非常感谢各位老师在百忙之中抽出时间为本书“添料”，尤其要感谢中国工程院院士、浙江大学能源学院院长高翔教授欣然为本书做序并提供一篇关于煤炭清洁利用的专题报告。在相关专题报告撰写及书稿整理过程中，浙江大学公共管理学院博士生王良、沈锦璐、周翔宇、李佳伲、蔡小东等做了许多校对文本、丰富信息、修改体例等细致性工作，浙江大学出版社的李海燕老师也为本书出版付出了大量精力，在此一并表示感谢。

需要说明的是，“双碳”目标涉及的学科领域十分广泛，即使是纯粹的技术性话题，也仍有许多难有定论的领域，本书收录的报告尤其是其中的政策建议内容也很难称为“定论”；同时，不少报告内容依然保持了彼时报送相关部门时候的原汁原味，因为时间、情境变化可能还会影响其内容的科学性、针对性和全面性，我们提醒读者务必注意。

编者

2022年4月